U0186229

走向数学丛书

冯克勤／主编

波利亚计数定理

POLYA'S ENUMERATION THEOREM

萧文强

著

大连理工大学出版社

图书在版编目(CIP)数据

波利亚计数定理 / 萧文强著. -- 大连：大连理工
大学出版社，2023.1

（走向数学丛书 / 冯克勤主编）
ISBN 978-7-5685-4123-7

Ⅰ.①波… Ⅱ.①萧… Ⅲ.①泡利阿计数定理 Ⅳ.
①O157

中国国家版本馆 CIP 数据核字(2023)第 003593 号

波利亚计数定理
BOLIYA JISHU DINGLI

大连理工大学出版社出版
地址：大连市软件园路 80 号　邮政编码：116023
发行：0411-84708842　邮购：0411-84708943　传真：0411-84701466
E-mail：dutp@dutp.cn　URL：https://www.dutp.cn
辽宁新华印务有限公司印刷　　　大连理工大学出版社发行

幅面尺寸：147mm×210mm　　印张：5.125　　字数：110 千字
2023 年 1 月第 1 版　　　　　2023 年 1 月第 1 次印刷

责任编辑：王　伟　　　　　　　　　　责任校对：李宏艳
封面设计：冀贵收

ISBN 978-7-5685-4123-7　　　　　　　　定　价：69.00 元
本书如有印装质量问题，请与我社发行部联系更换。

"走向数学"丛书

陈省身题

科技强国、数学马本

吴文俊

2010.1.10

SCIENCE & HUMANITIES

走向数学丛书

编 写 委 员 会

续编说明

自从 1991 年"走向数学"丛书出版以来,已经出版了三辑,颇受我国读者的欢迎,成为我国数学传播与普及著作的一个品牌.我想,取得这样可喜的成绩主要原因是:中国数学家的支持,大家在百忙中抽出宝贵时间来撰写此丛书;天元基金的支持;与湖南教育出版社出色的出版工作.

但由于我国毕竟还不是数学强国,很多重要的数学领域尚属空缺,所以暂停些年不出版亦属正常.另外,有一段时间来考验一下已经出版的书,也是必要的.看来考验后是及格了.

中国数学界屡屡发出继续出版这套丛书的呼声.大连理工大学出版社热心于继续出版;世界科学出版社(新加坡)愿意出某些书的英文版;湖南教育出版社也乐成其事,尽量帮忙.总之,大家愿意为中国数学的普及工作尽心尽力.在这样的大好形势下,"走向数学"丛书组成了以冯克勤教授为主编的编委会,领导继续出版工作,这实在是一件大好事.

首先要挑选修订、重印一批已出版的书;继续组稿新书;由于我国的数学水平距国际先进水平尚有距离,我们的作者应面向全世界,甚至翻译一些优秀著作.

我相信在新的编委会的领导下,丛书必有一番新气象.

我预祝丛书取得更大成功.

王 元

2010 年 5 月于北京

编写说明

从力学、物理学、天文学，直到化学、生物学、经济学与工程技术，无不用到数学。一个人从入小学到大学毕业的十六年中，有十三四年有数学课。可见数学之重要与其应用之广泛。

但提起数学，不少人仍觉得头痛，难以入门，甚至望而生畏。我以为要克服这个鸿沟还是有可能的。近代数学难于接触，原因之一大概是其符号、语言与概念陌生，兼之近代数学的高度抽象与概括，难于了解与掌握。我想，如果知道讨论对象的具体背景，则有可能掌握其实质。显然，一个非数学专业出身的人，要把数学专业的教科书都自修一遍，这在时间与精力上都不易做到。若停留在初等数学水平上，哪怕做了很多难题，似亦不会有助于对近代数学的了解。这就促使我们设想出一套"走向数学"小丛书，其中每本小册子尽量用深入浅出的语言来讲述数学的某一问题或方面，使工程技术人员、非数学专业的大学生,甚至具有中学数学水平的人,亦能懂得书中全部或部分含义与内容.这对提高我国人民的数学修养与水平,可能会起些作用.显然,要将一门数学深入浅出地讲出来,绝非易事.首先要对这门数学有深入的研究与透彻的了解.从整体上说,我国的数学水平还不高,能否较好地完成这一任务还难说.但我了解很多数学家的积极性很高,他们愿意为"走向数学"丛书撰稿.这很值得高兴与欢迎.

承蒙国家自然科学基金委员会、中国数学会数学传播委员会与湖南教育出版社的支持,得以出版这套"走向数学"丛书,谨致以感谢.

王　元

1990 年于北京

精装版序言

三十多年前,冯克勤教授鼓励我为他主编的"走向数学"丛书写作其中一本,我选了波利亚计数定理这个题材。当年在抽象代数课上,那是我必定讲的课题,至少详细介绍伯氏引理及其应用;再进而延伸成为波利亚计数定理,限于课时,却只能点到即止。为何我对波利亚计数定理情有独钟呢?在序言中我已经解释了。事实上,由这一类计数问题出发,群的概念及群作用于集上的概念逐渐浮现出来,并非无端冒出来的抽象定义而已。

当年写作此书,没有假定读者具备群论的知识,却试图从头开始,由这类问题出发向读者介绍群这个数学上的重要基础概念,通过广泛的应用例子显示群的定义的内涵。过了三十多年后回望,萌生了一个教学上的想法,就是从这类问题开始,逐步引入群的概念及其主要基本属性。固然,这样做用的时间,较诸于从群的定义出发,接着按次叙述它

的基本属性,肯定要长了一些,但长远而言,对初学者来说
是否更有意思呢?

萧文强

2023 年 2 月于香港大学

序　言

　　一本书的序言,通常是读者最先看却是作者最后写的一段.写毕全书,松一口气.我才下笔写这篇序言,所以我可以告诉读者,你将会在这本小书里读到什么.

　　书的题目已经说明了书的内容,就是介绍波利亚计数定理和它的应用.波利亚计数定理是枚举某些有限构形个数的一个重要的基本工具,它计算了一个置换群作用在一个集合上产生的等价类的个数.由于很多计数问题都能纳入这个表述架构,波利亚计数定理的应用非常广泛.就数学内容而言,这条定理结合了群、母函数、权的概念,构思优美.本书并没有假定读者具备这三个概念的知识,第二章逐步引入群的概念,并通过众多例子阐述群的基本性质.第三章介绍群在集上的作用,也用了大量例子说明一个重要的公式,这个公式可以说是波利亚计数定理的前奏.第四章引入权的概念,把前一章的思想推广,本书的主角——波利亚计数定理——也就登场了.第五章介绍这条定理的一项重要应用,是化学上同分异构体的计数问题,在叙述过程中同时介绍了母函数的概念.最后加了一个附录,叙述群这个概念怎样从古典代数的解方程问题产生的,希望通过了解前人的工作提高读者的学习兴趣.

本书没有假定读者具备太多的专门数学知识,原则上一位高中学生按照章节读下去而且愿花一点气力弄明白其中的内容,是完全可以读懂的.关键就在"愿花一点气力"这句话上面.要弄明白一些数学,读者需要亲自动手干、动脑思考;动了手、动了脑弄个明白后,那份愉悦只有自知!为了写作本书,我不时获得这份愉悦,但限于个人的数学修养和表达技巧,我未必能成功地把这份愉悦直接传达给每一位读者.如果读者因为看不明白某些段落自己动手动脑弄明白后感到那份愉悦,那我也算起了一点催化剂的作用!当然,如果内容有什么错漏,欢迎读者给我指正.

最后,我要感激清华大学的冯克勤教授(原在中国科技大学,现在已经在清华大学工作)鼓励我为"走向数学"丛书写其中一本,让我有这个机会学习.我也得感激英国南安普敦大学的 E. K. 罗伊德(E. K. Lloyd)教授惠寄资料,讲解 G. 波利亚(G. Pólya)的理论与 J. H. 列尔菲尔(J. H. Red-field)的理论二者之间的关系和它们的应用.在此谨向他们两位致谢.

萧文强

1990 年 9 月于香港大学

目　录

一　几个问题

§1.1　球棒组合玩具

大家也许见过一种类似积木的玩具,元件是一些不同颜色的球和不同长短的棒,球的表面有很多洞,利用这些洞可以就着不同的角度把球和棒相接,由此砌成各种模型,如风车、房子、桥梁、桌子、椅子、动物……也可以砌成各式各样的美术构形.现在问:把一个黑球、一个红球、四个白球①用棒连成一个正六边形,球在端点,共有多少种不同的构形呢?(图 1.1)

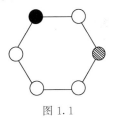

图 1.1

---

① 本书用●表示黑球,用◍表示红球,用○表示白球。

如果那个正六边形是固定的,答案容易算出来.先放黑球,有 6 种不同的摆法;其次放红球,只有 5 种不同的摆法;余下的端点自然要放白球了,合起来共有 $6 \times 5 = 30$ 种不同的构形.细心的读者会说:"这个答案跟正六边形扯不上关系! 换了是别的形状,只要球是放在六个可区别的位置上,不管那是正六边形的六个端点,或是一字长蛇上的六个点,答案仍然是 30 种."对的,把一个黑球、一个红球、四个白球用棒连成一个正八面体,球在端点,如果那个正八面体是固定的,答案同样是 30 种不同的构形[图 1.2(a)].又把一个黑球、一个红球、四个白球用棒连成一个三棱柱体,球在端点,如果那个三棱柱体是固定的,答案同样是 30 种不同的构形[图 1.2(b)].不过,只要你动手砌一砌,你便知道实际情况可不一样,因为没有规定人家不准转动或者翻转那些构形呀! 容许转动或者翻转构形,便没有 30 种不同的构形了.对六边形而言,只有 3 种[图 1.3(a)];对正八面体而

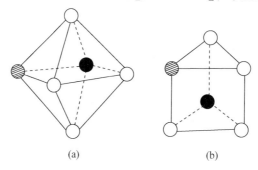

(a)   (b)

图 1.2

言,只有 2 种[图 1.3(b)];对三棱柱体而言,只有 5 种
[图 1.3(c)].

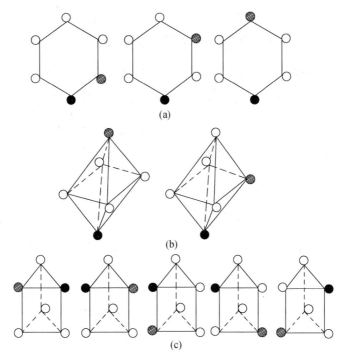

图 1.3

为什么同样是摆放一个黑球、一个红球、四个白球,三
道问题的答案却互不相同呢? 一般而言,怎样计算有多少
种真正不同的构形呢?

§1.2 涂色的积木

给你一块立方积木和红、绿两种油漆,让你把立方

积木的六个面各涂上 1 种色,共有多少种不同的花式呢[图 1.4(a)]? 单凭试验,很多人都知道共有 10 种不同的花式,其中 1 种是六面涂红色、1 种是五面涂红色、2 种是四面涂红色、2 种是三面涂红色、2 种是两面涂红色、1 种是一面涂红色、1 种是没有一面涂红色.有位朋友比较懒惰,他不愿把整个面涂色,只在那个面的中间涂上一条红线或者绿线;为了避免这些彩色线条相接,他把线的横直逐面相隔开[图 1.4(b)].你猜共有多少种不同的花式呢? 是否还是 10 种呢? 不是! 固然,相应于刚才那 10 种不同的花式现在还是 10 种不同的花式(把整个面涂什么色看作中间涂同样颜色的线条便成),但还有 2 种花式跟那 10 种花式是不相同的,读者有兴趣找出吗? 为什么同样是一块立方积木,涂色方法又复相似,答案却不相同呢? 一般而言,怎样计算有多少种不同的花式呢?

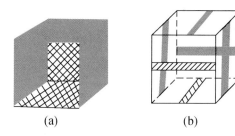

(a)   (b)

图 1.4

§1.3 同分异构体

化学上有种现象,叫作同分异构,早于 1811 年已被法国化学家 J. L. 盖-吕萨克(J. L. Gay-Lussac)在实验中证实了,并于 1827 年由瑞典化学家 J. J. 伯齐力阿斯(J. J. Berzelius)正名引入化学中. 按照他的定义,同分异构体是具有相同的化学组成和分子量但具有不同性质的物质. 这种现象的解释,却要再过半个世纪后才随着结构理论的出现而被揭露. 原来虽然两个化合物的结构式相同,它们的原子在分子中所处的位置却可以不相同,这便导致二者具有不同的性质了. 例如丁烷的结构式是 C_4H_{10},它的四个碳原子有两种不同的摆法(图 1.5),由此产生两种同分异构体. 一般而言,给定一个 N 烷烃的结构式是 C_NH_{2N+2},可以有多少种同分异构体呢?

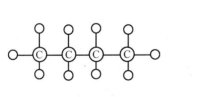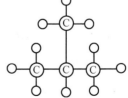

图 1.5

这类问题,其实是开首提到的球棒组合玩具的构形计数问题,在第五章里我们会做更详细的讨论. 开首提到的正六边形和三棱柱体,还真是化学史上的例子呢! 据德国化学家 F. A. 凯库勒(F. A. Kekulé)自述,他在 1865 年某天梦见一条自吞尾巴的长蛇,顿悟苯的环状结构. 苯的结构式是 C_6H_6,凯库勒认为它的六个碳原子排成一个正六边形[图 1.6(a)],但同时期的另一位德国化学家 A. 拉登伯格(A. Ladenburg)却认为苯的六个碳原子排成一个三棱柱体[图 1.6(b)]. 一个区别这两种猜测的方法是考虑当某些氢原子给换成别的基时,每一种可能的结构导致多少种同分异构体,于是回到开首那个构形计数问题了.

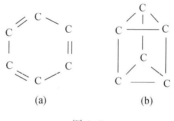

图 1.6

§1.4 开关电路

电子控制装置中的开关电路,可以由三种基本门电路组成,就是与门、或门及非门. 基本门电路是由电子元件组成的开关,有若干个输入和一个输出. 读者不必深究甚至不必知悉这些开关的技术细节,不妨就把输入输出的信号看作只有两种,叫作 0 和 1. 通常,这些信号的电平可以人为地规定,例如高电平叫作 1、低电平叫作 0. 与门的作用,是当且仅当所有输入都是 1 时,它的输出才是 1;或门的作用,是当且仅当所有输入都是 0 时,它的输出才是 0;非门的作用,是当输入是 0 时,它的输出是 1,而当输入是 1 时,它的输出是 0.把基本门电路做不同的组合,便得到不同性能的开关电路.就数学观点而言,读者不妨把一个开关电路看作一个定义于全部 N 维有序二元组上取值 0 或 1 的函数.例如下面的开关电路相当于下边所示的函数 f(图 1.7),它有三个输入和一个输出.就让我们只看三个输

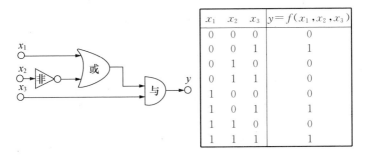

x_1	x_2	x_3	$y = f(x_1, x_2, x_3)$
0	0	0	0
0	0	1	1
0	1	0	0
0	1	1	0
1	0	0	0
1	0	1	1
1	1	0	0
1	1	1	1

图 1.7

入和一个输出的开关电路,共计应有多少个呢?三维有序二元组共有 $2^3 = 8$ 个,每个可对应于 0 或 1,因此应该共有 $2^8 = 256$ 个不同的函数,每个这样的函数可以设计一个开关电路去实现它,于是有 256 个不同的开关电路.但其实没有必要设计那么多个开关电路,因为把那三个输入调换一番并不会花太多工夫,由此却可以无须更动原来的开关电路得到另一个开关电路.例如把刚才那个开关电路的输入

x_1,x_2,x_3 调换为 x_3,x_1,x_2,便得到另一个开关电路,它的函数与前一个不同(图 1.8).现在问:需要设计多少个开关电路,便能凭着调换输入实现全部 256 个不同的开关电路呢?读者会说:"这个问题怎么会跟前面提到的几个问题扯上关系呢?"在第四章第 4.2 节里我们将看到,用来解决那些构形计数问题的理论和方法,对这个问题也适用.一套理论的动人魅力,在于它抓住了各种貌似不同的问题的相同本质,针对要害,直捣黄龙,提供了优美巧妙的解决方法.本书要介绍的波利亚计数理论,正是一套这样的理论.

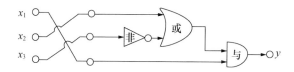

x_1	x_2	x_3	$y=f(x_1,x_2,x_3)$
0	0	0	0
0	0	1	0
0	1	0	0
0	1	1	0
1	0	0	1
1	0	1	0
1	1	0	1
1	1	1	1

图 1.8

二　对称和群

§2.1　构形计数与对称

让我们先从第一章第 1.1 节的问题着手,看看是什么性质使那三道问题的答案不相同.首先,若那六个端点是可区别的话,则不论它们是正六边形的端点,或是正八面体的端点、或是三棱柱体的端点,放置彩色球的摆法个数都是 30 个.所以,首先要解释为什么那六个端点是不可区别的,看一个例子吧.把正六边形放在一个固定不动同样大小的正六边形盘子上,盘子的六个角各标以 1 号至 6 号.把黑球嵌在 1 号的端点,红球嵌在 2 号的端点、白球嵌在 3 号、4 号、5 号和 6 号的端点.现在把放置了球的构形绕着联结 1 号端点和 4 号端点的直线作轴翻转 180°,再放回盘子上.得到的构形变成黑球嵌在 1 号的端点、红球嵌在 6 号的端点、白球嵌在 2 号、3 号、4 号和 5 号的端点(图 2.1).在

30 种摆法中,这 2 种摆法是不相同的,但作为构形,它们却是相同的.就这个意义说,那六个端点是不可区别的.

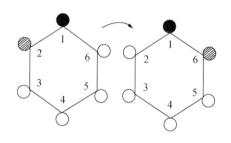

图 2.1

读者可以意会到某些移动对这类问题起了关键作用,我指的是那些不变更一个给定的几何形体的位置的移动,虽然每点的位置却可能调换了.例如对一个正六边形来说,绕着中心转 $0°,60°,120°,180°,240°,300°$,或者绕着一条联结对角点的直线作轴翻转 $180°$,或者绕着一条联结对边中点的直线作轴翻转 $180°$,这 12 个移动都不变更正六边形的位置.我们把这种移动叫作那个几何形体的对称,在下一节读者便会明白为什么把这种移动叫作对称,请读者暂时接受以下的事实:正六边形的全部对称就是刚才举出的 12 个,但正八面体有较多对称,共有 24 个,而三棱柱体却只有 6 个对称.既然三道问题涉及的几何形体具有不同的对称,而对称又直接影响问题的答案,那么三道问题的答案不相同,也就不足为怪了.

在下一节我们将集中讨论对称,然后在第三章第

3.4 节讨论如何运用对称的知识去解决构形计数的问题. 不妨先在这儿提出一点值得留意的事情, 就是不同的对称不一定导致不同的摆法. 例如在刚才的例子里, 把黑球嵌在 1 号的端点、红球嵌在 4 号的端点、白球嵌在 2 号、3 号、5 号和 6 号的端点, 绕着联结 1 号端点和 4 号端点的直线作轴翻转 180°, 再放回盘子上, 得到的构形和未移动前的构形, 摆法仍然是相同的(图 2.2). 由此可见, 单是数摆法固然不一定获得正确的答案, 单是数对称也不一定获得正确的答案. 我们必须抓住二者的关联, 结合起来计算, 才能获得正确的答案, 读者在第三章便会看到其中的奥妙!

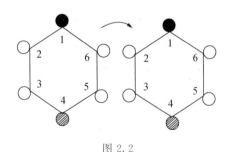

图 2.2

§2.2　几何上的对称

当你听到"对称"这个名词的时候, 你最先想到什么呢? 大多数人会想到几何形体的对称, 因为我们生活在一个充满对称事物的世界里, 每个人从他周围的事物中总会形成某种关于对称的直觉观念. 人体是左右对称的, 各种花朵有各种不同的对称,各种化学结晶体有各种不同的对称.海星有一个五次对称心,放大了的雪花有一个六次对称心.蜜蜂建造的蜂房有对称,人类建造的楼房也有对称.装饰的窗花、铺地的阶砖、衣物的带饰都有对称,而且,正是由于它们的对称性质这些美术图案予人视觉上的悦目感受.但究竟什么叫作几何形体的对称呢? 为什么你会觉得一个任意三角形不对称,但一个正三角形却对称? 但一个正三角形又不及一个正方形对称,一个正方形又不及一个圆形对称呢? 有些读者会说:"一个几何形体经某些移动后与它自身重合,它便是对称了."对的,这些移动有时是旋转,有时是翻转,有时是镜像反影,有时是它们的混杂.更一般地,我们可以这样描述.考虑平面或空间的保距移动,即经这个移动后,若点 P 移往点 P',点 Q 移往点 Q',则 P' 与 Q' 的距离等于 P 与 Q 的距离.对一个几何形体 S 来说,有些保距移动把 S 的点移动后,得到的点正好又组成 S,这样的保距移动叫作 S 的对称.S 的全部对称,反映了那个几何形体的对称性质.

让我们看一个正三角形的对称.可以证明,如果 $\triangle ABC$(边点加内点)经对称后与它自身重合,那么它的边界(通常我们会说这个才是 $\triangle ABC$!)经该对称后亦与自身重合.由于这类证明用了连续变换的性质,为避免引入过多的概念和术语,我不在这儿解释了,未学过这一点的读者不妨把三角形的对称看成是三角形的边界的对称. 所以, A, B, C 只能移往 A, B, C, 但次序可以调换. 三个点的调换方式共有 $3\times 2 = 6$ 个, 可以写成

$$\begin{pmatrix} A & B & C \\ A & B & C \end{pmatrix} \quad \begin{pmatrix} A & B & C \\ A & C & B \end{pmatrix} \quad \begin{pmatrix} A & B & C \\ B & A & C \end{pmatrix}$$

$$\begin{pmatrix} A & B & C \\ B & C & A \end{pmatrix} \quad \begin{pmatrix} A & B & C \\ C & A & B \end{pmatrix} \quad \begin{pmatrix} A & B & C \\ C & B & A \end{pmatrix}.$$

数学上的术语, 将这些叫作集合 $\{A, B, C\}$ 上的置换, 比方最后一个, 是指 A 换作 C、B 换作 B(不换)、C 换作 A. 在第 2.7 节里我们将会更详细地探讨一般置换的性质, 暂时请读者实验一下, 通过某些对称实现全部这六个置换, 比方最后一个是绕着穿过 B 的中线作轴翻转 $180°$ 得到. 因此, 正三角形共有 6 个对称.

让我们看一个正方形的对称. 像上面说的, 正方形的四个端点 A, B, C, D 只能移往 A, B, C, D, 但次序可以调换, 于是至多有 $4\times 3 \times 2 = 24$ 个置换. 不过, 并非每个置换都可以通过某个对称实现, 比方 $\begin{pmatrix} A & B & C & D \\ B & D & C & A \end{pmatrix}$ 便不能实现, 因为 A 换作 B、C 换作 C, 但 A 与 C 的距离可不等于 B 与 C 的距离. 经过这样的筛选后, 只剩下 8 个置换, 即

$$\begin{pmatrix} A & B & C & D \\ A & B & C & D \end{pmatrix} \quad \begin{pmatrix} A & B & C & D \\ D & A & B & C \end{pmatrix} \quad \begin{pmatrix} A & B & C & D \\ C & D & A & B \end{pmatrix}$$

$$\begin{pmatrix} A & B & C & D \\ B & C & D & A \end{pmatrix} \begin{pmatrix} A & B & C & D \\ D & C & B & A \end{pmatrix} \begin{pmatrix} A & B & C & D \\ C & B & A & D \end{pmatrix}$$

$$\begin{pmatrix} A & B & C & D \\ B & A & D & C \end{pmatrix} \begin{pmatrix} A & B & C & D \\ A & D & C & B \end{pmatrix}.$$

读者不妨实验一下,通过某些对称实现全部这 8 个置换. 因此,正方形共有 8 个对称. 比起正三角形,正方形的对称较多,这也是为什么我们说正方形比正三角形更加对称了. 读者可试想,一个圆形有多少个对称呢?

§2.3 两个应用的例子

读者一定寄过信吧? 信抵邮局,按种类大小给划分. 让我们只考虑普通信件,它们每封的形状大小差不多,叠齐了职员便盖邮戳. 但虽然叠齐了,信封上贴邮票的角落(正面右上角)却不一定都落在同一个位置,在一叠信件里,邮票可能落在四个位置,分别记作(1)、(2)、(3)和(4),如图 2.3 所示.

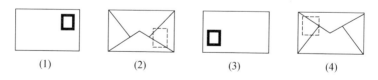

图 2.3

为了省钱,探测邮票的感应器是固定的,它只探测信封的正面右上角. 现在问:应该怎样把信移动,务使(1)、(2)、(3)和(4)这四种情况都受到处理,在邮票上盖上邮戳呢? 当然,我们可以先探测正面右上角,有邮票的话便划分开来盖邮戳,没有的话便把信绕着一条横中线作轴翻转 180°(把这个移动叫作 H),然后探测;有邮票的话便划分开来盖邮戳,没有的话便再用一次 H 这个移动还原;接着把信绕着中心旋转 180°(把这个移动叫作 R),然后探测;有邮票的话便划分开来盖邮戳,没有的话便再用一次 R 这个移动还原;接着把信绕着一条纵中线作轴翻转 180°(把这个移动叫作 V),然后探测;如果还探测不到邮票,那么只有两种可能,或者发信人没有贴邮票,或者他把邮票贴在错误的位置上,无论是哪一种情况,划分开来处理便是(图 2.4).这样做最多可用遍五次移动,但其实先用 H 再用 R,效果等于只用一次 V;同样地,先用 R 再用 V,效果等于只用一次 H.换句话说,刚才一连串五个移动,可以缩减为三个:探测,然后用 H,再探测,然后用 V,再探测,然后用 H,最后探测(图 2.5).除了减少步骤外,这样做还可以避免采用某些较难实施的移动.例如第二种方案只有三步,而且没有一步用 R,R 比 H 或 V 较难实施,有些邮局的自动排信机,的确是采用这种方案的.

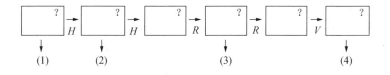

图 2.4

转看另一个应用的例子,是电脑的循环式储存器的存

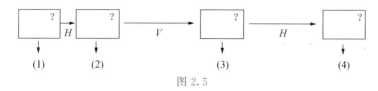

图 2.5

取控制.为简化叙述,假定只有四个储存器,循环地转动,要取得储存于某个储存器的资料,必须待它旋转抵达阅读站时方能把它取出来抄写.为了记录哪一个储存器转抵阅读站,有个计数器负责记录工作,比如开始时 0 号储存器在阅读站,计数器出现 0,以后每转一次,计数器即加 1.所以当1 号储存器抵阅读站时,计数器出现 1;2 号储存器抵阅读站时,计数器出现 2.但这样加下去,转 4 次后计数器岂不是出现 4,转 5 次后计数器岂不是出现 5 吗?然而抵达阅读站的储存器却分别是 0 号和 1 号呀!因此,计数器使用的加法,不是普通的加法,而是一种数学上称作模 4 的加法,即按普通加法得出和,以 4 除和,剩下的余数才是答案.例如模 4 的加法中,$2+3=1$,因为 $2+3$ 本来是 5,以 4 除 5 余 1,这也表示了转 2 次接着转 3 次,效果等于只转 1 次.

上面两个应用的例子与第 2.2 节的对称有什么关系呢?在第一个例子里,这个关系是明显不过,我们面对的根本就是一个矩形(非正方形)的对称,共有 4 个,即上面叫作 H,R,V 那三个移动和纹丝不动的这一个移动,让我们把最后一个移动叫作 I.第二个例子其实也可以看作某个几

何图形的对称,比如说梵文万字的对称
(图 2.6).绕着这个图形的四次对称心转
$0°,90°,180°,270°$,得到 4 个对称,也就是
全部对称了.请读者注意,镜像反影(相当
于把图形翻转)并不是这个图形的对称,

图 2.6

它把梵文万字变成另一个意义完全不同的丑恶符号!(说
来也巧,原来的梵文万字是图中所见的图形的镜像,它在不
少古代文化里都曾出现,是吉祥仁慈的标记.在 1920 年希
特勒采用了这个符号作为他的国社党——简称纳粹党——
的党徽,从此这符号便给玷污了.但这个符号随佛教传入古
代中国时,不知怎的却被翻转了,一直误传下去,竟又与纳
粹党徽有别!)

虽然矩形和梵文万字都有四个对称,直觉上我们意会
到二者的对称性质有别.比方矩形拥有两条对称轴,即相应
于这两条对称轴的对称重复一次便把图形还原;剩下的两
个对称,一个是恒定不动,另一个是绕二次对称心转 $180°$,
后者重复一次也把图形还原.梵文万字却没有对称轴,只有
绕四次对称心转 $180°$这个对称重复一次把图形还原,剩下
的三个对称,一个是恒定不动,另外两个都要重复至少三次
才把图形还原.因此,要注意的不单是有多少个对称,还得
注意这些对称之间的结合关系.所谓结合关系,就是指先实
施移动甲再实施移动乙,效果是否等于只实施某一个移动

呢? 是的话又是哪一个移动呢? 最清晰的表达方式是列一

个结合关系表,全部对称以符号代替,

放置在第一行第一列,在每行每列相交

的位置写下位于该行该列的对称的结

合. 例如第一个例子里的四个对称的结

合关系表,如图 2.7 所示. 看看 R 那一

行和 V 那一列,相交的位置出现 H,意

	I	R	V	H
I	I	R	V	H
R	R	I	H	V
V	V	H	I	R
H	H	V	R	I

图 2.7

思是说先实施 V 再实施 R,效果等于只实施 H,简写作 $RV=$ H. 第二个例子里的四个移动,看成梵文万字的对称,以 $e,r,$ s,t 代替,分别是绕着四次对称心转 $0°,90°,180°,270°$,得出来 的结合关系表,如图 2.8(a)所示. 请读者留意,这个表和 $0,$ $1,2,3$ 的模 4 加法表[图 2.8(b)]是不是很相似呢? 只要把 e,r,s,t 分别换作 $0,1,2,3$,便从一个表得出另一个表了. 但 这个表跟前一个表(图 2.7)却有本质上的差别,无论你怎样 调换 e,r,s,t 的次序,再易名为 I,R,V,H 也绝对没有办法得 出前一个表的,其中道理我们刚解释过.

	e	r	s	t
e	e	r	s	t
r	r	s	t	e
s	s	t	e	r
t	t	e	r	s

(a)

	0	1	2	3
0	0	1	2	3
1	1	2	3	0
2	2	3	0	1
3	3	0	1	2

(b)

图 2.8

§2.4 什么是群?

综合第 2.2 节和第 2.3 节的叙述,我们见到几何形体对称性质的异同,关键在于对称之间的结合关系,也就是要看那些结合关系表的模式(容许表里的元给调换或易名).不过,我们也不要只见其异而忽略其同,近代数学的一个趋势正是要找出个别数学对象之间有没有相同的基本性质,以便建立统一的处理方法.让我们看看上一节的两个结合关系表(图 2.7,图 2.8),它们有没有相同的地方呢?

首先,两种结合关系都明显地满足以下一回事:任何两个元的结合,得来的总是某个元,否则那个表也就无从画起了! 其次,两种结合关系都有一个"不动"的元.地位与众不同,它跟任何元结合,得出来的还是那个元.在第一个表里,那就是 I;在第二个表里,那就是 0.这样的元,叫作单位元.再仔细看,每个元总有一个把它"复原"的元,跟它结合得出单位元.例如在第一个表里,H 把 H 复原;在第二个表里,3 把 1 复原.这样的元,叫作那个元的逆元.最后,还有一条规律并不容易从表中看出来,但全靠它我们才能方便地叙述一连串的结合.那条规律是这样的,如果有三个元按次结合,你可以先把头两个结合,得到的元与第三个结合;你也可以先把后两个结合,再把头一个与刚才得到的元结合,答案是相同的.例如,考虑第一个表的三个元 R,V,V 按次结合;先来 RV,得 H,再来 HV,得 R;也可以先来 VV,得 I,

再来 RI，也得 R．因此，我们不妨简写为 $RVV=R$，不必声明左边究竟代表 $(RV)V$ 还是 $R(VV)$．这条规律叫作结合律．好了，应该到了引入群这个术语的时候．凡是一个集合（某些考虑对象组成的一堆东西），它的元之间有某种结合关系，满足上述的简单条件，即有单位元，每个元有逆元，结合律成立，我们便说它是一个群．说得更清楚一点：一个非空集 G，在它上面定义一个二元运算，对 G 中任两元 a，b，以 ab 记这运算得到的结果，ab 仍是 G 中某个元，叫作 a 和 b 的乘积．这个运算满足以下三个性质：

（1）对任何 a，b，c，有 $(ab)c=a(bc)$；

（2）有 G 中元 e，使对所有 G 中元 a，有 $ae=ea=a$，e 叫作 G 的单位元；

（3）对任何 G 中元 a，有 G 中元 a'，使 $aa'=a'a=e$，a' 叫作 a 的逆元．

这样的集合 G 叫作一个群．

上一节的两个例子都是群，各有四个元，或称四元群．但它们的结构不相同，第一个群的全部元自乘都是单位元，第二个群却只有两个元具备这个性质；第二个群拥有一个元，把它自乘 1 次、2 次、3 次、4 次，依次得到全部元，第一个群却没有这样的一个元．不过，两个群都有一个性质，即两个元的乘积与次序无关，ab 与 ba 是相同的元，这样的群叫作可换群．很多群并不是可换群，就拿第 2.2 节里正方形

的对称为例,把那 8 个对称记作

$$e = \begin{pmatrix} A & B & C & D \\ A & B & C & D \end{pmatrix}, \qquad r = \begin{pmatrix} A & B & C & D \\ D & A & B & C \end{pmatrix},$$

$$s = \begin{pmatrix} A & B & C & D \\ C & D & A & B \end{pmatrix}, \qquad t = \begin{pmatrix} A & B & C & D \\ B & C & D & A \end{pmatrix},$$

$$v = \begin{pmatrix} A & B & C & D \\ D & C & B & A \end{pmatrix}, \qquad g = \begin{pmatrix} A & B & C & D \\ C & B & A & D \end{pmatrix},$$

$$h = \begin{pmatrix} A & B & C & D \\ B & A & D & C \end{pmatrix}, \qquad f = \begin{pmatrix} A & B & C & D \\ A & D & C & B \end{pmatrix}.$$

它们组成一个群,结合关系表(群表)如图 2.9 所示.先实施 v 再实施 g,得 t;先实施 g 再实施 v,得 r.即 $gv = t$ 和 $vg = r$,故 $gv \neq vg$.不过,结合律还是成立的,例如 $(gv)g = tg = h$,而 $g(vg) = gr = h$,或简写作 $gvg = h$.任何几何形体的全部对称组成一个群,结合方式是按次序的合成,以上举的例子只是特例而已.从实际几何考虑,读者不难明白这一点.任何几何形体的全部可以在三维空间实施的对称也组成一个群,叫作那个几何形体的旋转对称群.以后我们要讨论的主要是这一类对称,不讨论没有办法在三维空间实现的对称(例如三维形体的镜像),为免啰唆,我们省略了"旋转"这个字眼,统称对称群.

上面举的几个例子,群只包含有限多个元,故称有限群.若有限群 G 有 N 个元,便说 G 的阶是 N,记作 $|G| =$

	e	r	s	t	v	h	f	g
e	e	r	s	t	v	h	f	g
r	r	s	e	f	g	h	v
s	s	t	e	r	h	v	g	f
t	t	e	r	s	g	f	v	h
v	v	g	h	f	e	s	t	r
h	h	f	v	g	s	e	r	t
f	f	v	g	h	r	t	e	s
g	g	h	f	v	t	r	s	e

图 2.9

N.（对一个集 S 来说，$|S|$ 表示 S 的基数，对有限的 S，即 S 包含的元的个数.）很多群不是有限群，最简单的例子是整数加群 Z，0 是单位元，a 的逆元是 $-a$. 一个圆的全部对称组成的群也是个无限群，读者能把它描述出来吗？ 在以后的章节里，我们要面对的都是有限群，为免啰嗦，从现在开始，如无特别声明，群是有限群. 虽然以后要叙述的定理都是针对有限群而言，但有不少定理对无限群同样也成立，不过我不一一指出了，有兴趣的读者自行找出来吧.

§2.5 群的一些基本性质

设 G 是个群，它的单位元 e 的界定性质是：对任意 G 中元 a，有 $ae=ea=a$. 由此不难证明单位元是唯一的，如果元 e' 也满足同样性质，便有 $e'e=e'$ 和 $e'e=e$，所以 $e=e'$. 对

a 来说,它的逆元 a' 的界定性质是:$aa'=a'a=e$. 由此也不难证明 a 的逆元是唯一的,如果元 a'' 也满足同样性质,便有 $a''=a''e=a''(aa')=(a''a)a'=ea'=a'$. 通常我们把 a 的逆元记作 a^{-1}. 由于存在逆元,群 G 满足消去律,即如果 $ab=ac$,那么 $b=c$;如果 $ba=ca$,那么 $b=c$. 这是因为从 $ab=ac$ 可得 $a^{-1}(ab)=a^{-1}(ac)$,从而 $(a^{-1}a)b=(a^{-1}a)c$,即 $eb=ec$,即 $b=c$;同理,从 $ba=ca$ 可得 $b=c$. 以上所述,其实都是读者自小学中学以来便耳熟能详的知识,在四则运算中经常用了而不自觉,只是当时并非从这种角度看待问题吧. 比方说,解方程 $2x+3=7$,未知数 x 代表某些暂时不知道真正数值的实数. 它既代表某些实数,适用于一般实数的四则运算也就可施诸于它们的身上了. 我们把方程改写成 $2x=4$,那就是考虑实数以加法结合的群,对两边的元同时加上 3 的逆元 -3,再化简. 接着我们把方程改写成 $x=2$,那就是考虑非零实数以乘法结合的群,对两边的元同时乘上 2 的逆元 $1/2$,再化简,由此得出答案.

不过,群这个概念自然不局限于实数的四则运算,它包罗众多数学对象. 读者将会在下面的章节里碰到越来越多群的例子,现在让我们看看一些简单的群的基本性质.

请看第 2.4 节结尾提及的群,从群表(图 2.9)中读者是否留意到它蕴藏了一个较小的四元群在里面呢?那就是由 e,r,s,t 组成的子集,其实它是一个与梵文万字对称群有相同结构的群,它对应的是绕着中心转 $0°,90°,180°,270°$ 的对称.我们说它是原来那个群的子群,意思是说按原来的群的结合关系,它自身仍然是一个群.例如在实数加群 R 里(全部实数以加法结合的群),全部整数组成一个子群 Z,但全部正数却不组成一个子群,比如说它没有单位元(它的单位元只好是 0,但 0 并不是一个正数).不过要注意一点,虽然群 G 里的一个子集并不一定是子群,对别的结合关系来说,它可能是个群,只是它的结合关系跟原来的群没有直属关系,我们不把它叫作原来群的子群罢了.例如刚刚提到的正数集 P 虽然不是实数加群 R 里的子群,但对乘法来说它是一个群.(有兴趣的读者不妨考虑以下的问题:正数乘群 P、非零实数乘群 R^*、实数加群 R、整数加群 Z,全部都是无限群,它们的结构是否相同呢? 哪些跟哪些的结构相同呢?)

怎样验证群 G 里的一个子集 H 是不是子群? 首先,H 必须是非空集;其次,如果 a 和 b 是 H 中元,它们的乘积 ab 必须也落在 H 里;还有,如果 a 是 H 中元,它的逆元 a^{-1} 也必须落在 H 里.反过来说,这些条件已足够保证 H 是 G 的子群.读者会问:"单位元在 H 吗? 结合律成立吗?"H 是 G 的一部分,既然结合律在 G 成立,它自然在 H 也成立.H 是非空集,它必有至少一个元 a,所以它也拥有 a^{-1},因而它

也拥有 $aa^{-1}=e$ 了. 当 H 是非空的有限集时,我们甚至只要验证一个条件:当 a 和 b 是 H 中元时,它们的乘积 ab 也是 H 中元. 读者愿意试试自行证明这一问题吗? 让我给你一个提示,选定 H 中一个元 a,把它遍乘全部 H 中元,看看得到一个什么样的集合.

研究群的结构往往从它的子群着手,在某种意义下,子群较原来的群简单,有时某些子群与原来的群关系密切,以致凭着这些子群的资料我们能获悉全部或者至少大部分关于原来的群的情况. 举一个十分简单的例子,矩形(非正方形)的对称群 $\{I,R,V,H\}$ 有三个二元子群,就是 $\{I,R\}$、$\{I,V\}$ 和 $\{I,H\}$ 其中任何两个已足以刻画整个群,因为那个群的任意元能唯一地写作两个分别落在每一个子群的元的乘积. 试取 $\{I,R\}$ 和 $\{I,V\}$,则 $H=RV$. 看看梵文万字的对称群,它只有一个二元子群,就是 $\{e,s\}$,凭着它我们不能像上述一般刻画整个群. 但如果我们取 r(或 t)生成的子群,即尽取一切由 r(或 t)和它的逆元组成的连串乘积,便发现这个子群已经是整个群,例如 $r^2(=rr)=s$,$r^3(=rrr)=t$,$r^4(=rrrr)=e$. 懂群论的读者自然晓得四元群只有上述两种结构,未学过群论的读者,如果你有耐性把四元群表填一填,也不难得出同样的结论. 为了让自己对群这个概念更感亲切,这番工夫是不妨一试的.

设 H 是 n 阶群 G 里的一个 m 阶子群，H 的元是 b_1，b_2，$\cdots$，b_m. 若 $m=n$，则 H 就是 G，否则必有 G 中元 a 不在 H 里. 考虑 ab_1，$\cdots$，ab_m，由消去律得知这是 m 个不同的元. 它们都不在 H 里，否则如果某个 ab_i 是某个 b_j，则 $a=b_jb_i^{-1}$，由于 H 是个子群，而 b_j 和 b_i 都在 H 里，$b_jb_i^{-1}$ 也在 H 里，所以 a 应落在 H 里，这是个矛盾！我们把 $\{ab_1,\cdots,ab_m\}$ 这个集记作 aH，称为子群 H 的（左）陪集. 若 $2m=n$，则 H 与 aH 合起来便是 G，否则必有 G 的元 a' 既不在 H 里又不在 aH 里，也就是说 a' 不在 H 和 aH 的并集里. 考虑 $a'b_1$，$\cdots$，$a'b_m$，这是 m 个不同的元，又都不在 H 与 aH 的并集里. 这是因为像前面说的，它们不在 H 里；如果某个 $a'b_i$ 是某个 ab_j，则 $a'=a(b_jb_i^{-1})$，由于 $b_jb_i^{-1}$ 在 H 里，a' 便落在 aH 里，这是个矛盾！依此类推，或者 $3m=n$，则 G 是 H 与 aH 与 $a'H$ 的并集，或者 $3m\neq n$，便有 a'' 不在 H 或 aH 或 $a'H$ 里，从而产生一个新的 $a''H$ 来. 最后得到结论，G 是由 H 和它的不同的陪集合并而成. 设有 k 个不同的陪集，则 $n=km$，k 称为子群 H 的指数（图 2.10）. 因此，任何有限群 G 的子群 H 的阶必是 G 的阶的因子，这个貌简易明的结果是有限群论最基本的定理，首先见于法国数学家 J. L. 拉格朗日（J. L. Lagrange）在 1770 年发表的论文上，通常称作拉格朗日定理.

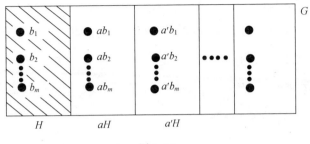

图 2.10

§2.6 两种常见的群

梵文万字的对称群有个很好的特性,就是单用一个元便可以刻画整个群,其余的元都是用这个元自乘若干次得来,元之间的结合关系也就显而易见了. 这样特别的元叫作群的单一个生成元,拥有单一个生成元的群叫作循环群. 让我们仔细看看循环群的结构.

先弄清楚一条基本公式,设 a 是群 G 中一个元, a^n 代表什么呢? 如果 n 是正整数, a^n 自然应代表 a 自乘 n 次. a^{-1} 是 a 的逆元,顺理成章, a^{-2} 应是 a^{-1} 自乘 2 次, a^{-3} 应是 a^{-1} 自乘 3 次;一般而言,如果 n 是正整数, a^{-n} 代表 a^{-1} 自乘 n 次. 看看下面几个式子:

$$a^2 a^3 = (aa)(aaa) = aaaaa = a^5,$$

$$a^5 a^{-2} = (aaaaa)(a^{-1}a^{-1}) = aaa = a^3,$$

$$a^2 a^{-4} = (aa)(a^{-1}a^{-1}a^{-1}a^{-1}) = a^{-1}a^{-1} = a^{-2},$$

读者便明白应成立 $a^m a^n = a^{m+n}$,就像中学生已熟悉的指数法则.为了使公式对任何整数 m 和 n 都成立,我们须定义 $a^0=e$.(现在,读者应该明白为什么我们把 a 的逆元写作 a^{-1} 了吧!)

给定群 G 中元 a,考虑由 a 生成的子群,它由全部 a^m（m 是任意整数）组成,可记作

$$\langle a \rangle = \{\cdots, a^{-3}, a^{-2}, a^{-1}, e, a, a^2, a^3, \cdots\}.$$

如果 $G=\langle a \rangle$,a 便是 G 的单一个生成元,G 便是个循环群.如果 G 是个无限循环群,每个 a^m 都不同.否则某个 a^s 即 a^t,且 s 大于 t,从消去律可知 $a^{s-t}=a^s a^{-t}=a^s(a^t)^{-1}=a^s(a^s)^{-1}=e$.既然 a 自乘若干次是 e,便有最小的正整数 n 使 $a^n=e$.因此,$a, a^2, a^3, \cdots, a^{n-1}, a^n(=e)$ 是 n 个互相不同的元.而且,G 由这 n 个元组成,试取 G 的任意元 a^m,有整数 r 使 $m=nq+r$,q 是整数,r 在 0 和 $n-1$ 之间（可取值 0 或 $n-1$）（图 2.11）.注意 $a^r=a^{m-nq}=a^m(a^n)^{-q}=a^m e^{-q}=$

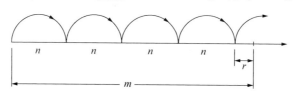

图 2.11

$a^m e=a^m$,所以或者 $a^m=e$,或者 $a^m=a^r$,r 是个小于 n 的正整数.于是,G 是个 n 阶群,与已知条件不符!既然每个 a^m 不同,它们的结合关系又服从指数法则,G 的结构其实与整数加群 Z 一般无异.如果 G 是个有限循环群,按照刚才的

推论,G 是个 n 阶群,而且有

$$\cdots,a^{-2}=a^{n-2},a^{-1}=a^{n-1},e,a,a^2,\cdots,a^{n-1},a^n=e,$$

$$a^{n+1}=a,a^{n+2}=a^2,\cdots,a^{2n-1}=a^{n-1},a^{2n}=e,\cdots,$$

循环不息,因而有循环群的称号.一个 n 阶循环群的结构,与模 n 加群 Z_n 的结构一般无异,刚才的做法,不正是考虑以 n 除 m 后取余数吗?那相当于进行模 n 加法这个运算.

循环群是结构最简单的一类群,下面接着要介绍的一类群与循环群有密切关系,可以说是由循环群和它的"镜像"合成的.从几何角度看,循环群的元是绕对称心的全部旋转,将要介绍的群的元是这些旋转结合绕着对称轴的翻转.这类群可以用两个生成元刻画,一个叫 a,一个叫 b,a 和 b 都不是单位元.a 满足 $a^n=e$,而且 n 是满足这个条件的最小正整数;b 满足 $b^2=e$;a 和 b 有个联系条件,即 $ab=ba^{n-1}$.翻译成几何语言,这个联系条件是说:先翻转 180° 再顺时针方向转 $(360/n)°$,效果等于先逆时针方向转 $(360/n)°$ 再翻转 180°.群的每个元都是一连串 a,b,$a^{-1}(=a^{n-1}),b^{-1}(=b)$ 的乘积,由于每个 b 都可以从 a 的右边搬到左边,代价是在右边添加适当数目的 a,群的每个元是形如 $b^j a^i$,i 是个在 0 与 $n-1$ 之间的整数,j 是 0 或 1.元之间的结合关系是显而易见的,例如当 $n=5$ 时,$(ba^2)(ba^3)=(ba)(ab)(a^3)=(ba)(ba^4)(a^3)=(b)(ab)(a^7)=(b)(ab)\cdot(a^2)=(b)(ba^4)(a^2)=(b^2)(a^6)=a$.这样的群叫作 $2n$ 阶二

面体群,通常记作 D_n. 一个正 n 边形的对称群是个这样的群,正方形的对称群就是 D_4,它里面蕴藏了一个四元循环群 Z_4,剩下的四个元可以说是 Z_4 的"镜像". 从几何角度看,我们通常从 $n=3$ 起才定义 D_n,它一定不是可换群,因为 ab 不是 ba 而是 ba^{n-1}. 当 $n=2$ 时,以上描述的生成元 a 和 b 还说得过去,得到的群是 $\{a,b,ba,e\}$,其实它就是第 2.3 节里提及的矩形(非正方形)对称群,你喜欢的话可以把它叫作 D_2,但它是个可换群.

除了循环群与二面体群外,有没有别的群呢?下面介绍的做法,让我们把已知的群黏合在一起,制造新的群. 办法很简单,设 G_1 和 G_2 是两个群,考虑全部有序偶 (a_1,a_2),其中 a_1 是 G_1 的元,a_2 是 G_2 的元. 它们组成的集叫作 G_1 和 G_2 的积,写作 $G_1 \times G_2$,在这个集里我们定义一种结合关系,就是 $(a_1,a_2)(b_1,b_2)=(a_1 b_1,a_2 b_2)$,右边的 $a_1 b_1$ 和 $a_2 b_2$ 分别是在 G_1 和 G_2 里的乘积. 在这种结合关系下,$G_1 \times G_2$ 是个群,叫作群 G_1 和群 G_2 的直积,它的单位元是 (e_1,e_2),其中 e_1 和 e_2 分别是 G_1 和 G_2 的单位元,而 (a_1,a_2) 的逆元是 (a_1^{-1},a_2^{-1}). 若 G_1 和 G_2 是可换群,则 $G_1 \times G_2$ 也是可换群,例如刚才提到的 D_2 其实与 $Z_2 \times Z_2$ 有相同的结构. 试考虑 $Z_4 \times Z_4$,它是个 16 元群. 它的每一个元自乘四次后必是单位元,所以它没有单一的生成元,它的结构与循环群 Z_{16} 的结构有别. 它是可换群,所以它的结构与二面体群 D_8

的结构也有别. $Z_4 \times Z_4$ 是一个既非循环群又非二面体群的例子. 当然,还有更多别的类型的群,我也不在这儿多花笔墨了. 就以 16 元群为例,结构互不相同的群共有 14 个,Z_{16} 和 D_8 和 $Z_4 \times Z_4$ 只是其中三个而已.

二面体群 D_3 是个 6 元群,它的结构与 6 元循环群 Z_6 的结构有别,但它可以表示为另一类型的群,而这类群将成为本书的主角之一,就让我们在下一节仔细看看吧.

§2.7 置换群

这一节要介绍的群叫作置换群,其实在第 2.2 节里它们已登了场,但既然它们将要成为主角,我们不妨从头说起. 所谓置换,就是把 N 个不同的东西的排列次序调换,说得精确一些,就是一个由这 N 个不同的东西组成的集自身之间的一一对应. 为方便叙述,让我们把这 N 个不同的东西记作 $1, 2, \cdots, N$. 一个置换 σ 可以表示为

$$\begin{pmatrix} 1 & 2 & \cdots & N \\ \sigma(1) & \sigma(2) & \cdots & \sigma(N) \end{pmatrix},$$

意指 N 对应于 $\sigma(N)$,例如有五个不同的东西,把 1 和 2 调换,其余不动,得来的置换表示为 $\begin{pmatrix} 1 & 2 & 3 & 4 & 5 \\ 2 & 1 & 3 & 4 & 5 \end{pmatrix}$.

$\begin{pmatrix} 1 & 2 & 3 & 4 & 5 \\ 3 & 2 & 4 & 1 & 5 \end{pmatrix}$ 这个置换,把 1 换作 3,2 不动,3 换作 4,4

换作 1,5 不动. 如果 σ_1 和 σ_2 是两个置换,它们的合成 $\sigma_1\sigma_2$ 也是一个置换,效果是先按 σ_2 调换次序,再按 σ_1 调换次序. 就拿刚才的两个置换为例,

$$\begin{pmatrix}1&2&3&4&5\\2&1&3&4&5\end{pmatrix}\begin{pmatrix}1&2&3&4&5\\3&2&4&1&5\end{pmatrix}=\begin{pmatrix}1&2&3&4&5\\3&1&4&2&5\end{pmatrix}.$$

请注意 $\sigma_1\sigma_2$ 与 $\sigma_2\sigma_1$ 不一定相同,例如

$$\begin{pmatrix}1&2&3&4&5\\3&2&4&1&5\end{pmatrix}\begin{pmatrix}1&2&3&4&5\\2&1&3&4&5\end{pmatrix}=\begin{pmatrix}1&2&3&4&5\\2&3&4&1&5\end{pmatrix}.$$

N 个不同的东西的全部置换组成一个群,叫作 N 次对称群,记作 S_N. 它的阶是 $N!$($=1\times2\times3\times\cdots\times(N-1)\times N$),单位元是 $\begin{pmatrix}1&2&\cdots&N\\1&2&\cdots&N\end{pmatrix}$,$\begin{pmatrix}1&2&\cdots&N\\\sigma(1)&\sigma(2)&\cdots&\sigma(N)\end{pmatrix}$ 的逆元是 $\begin{pmatrix}\sigma(1)&\sigma(2)&\cdots&\sigma(N)\\1&2&\cdots&N\end{pmatrix}$,例如有五个不同的东西,$\begin{pmatrix}1&2&3&4&5\\3&2&4&1&5\end{pmatrix}$ 的逆元是 $\begin{pmatrix}3&2&4&1&5\\1&2&3&4&5\end{pmatrix}$,写得好看一些,即 $\begin{pmatrix}1&2&3&4&5\\4&2&1&3&5\end{pmatrix}$.

几何形体的对称群,通常可以表示为一个 N 次对称群里的某个子群. 例如正三角形的对称群,也就是 D_3,里面每个元可以看作三角形的三个端点的置换,由于全部六个置换都能实现,正三角形的对称群是整个 S_3. 正方形的对称

群里每个元可以看作正方形的四个端点的置换,但这次并非全部 24 个置换都能实现,所以正方形的对称群不是整个 S_4,它只是 S_4 里一个 8 阶子群,结构与 D_4 相同. 正四面体的对称群也是 S_4 里的一个子群,每个元可以看作正四面体的四个端点的置换. 它也不是整个 S_4,因为镜像反影是没法实现的,例如 $\begin{pmatrix} 1 & 2 & 3 & 4 \\ 1 & 4 & 3 & 2 \end{pmatrix}$ 不在对称群里. 它也不是 D_4,因为至少已有 9 个对称:绕着一条连接一个端点与它对面的中心的直线为轴旋转 120° 和 240°,得到两个对称;共有 4 条类似的对称轴,所以至少有 8 个对称,加上恒定不动,便至少有 9 个对称了. 根据拉格朗日定理,这个群的阶是 $|S_4| = 24$ 的因子,它不是 24,又不小于 9,便只能是 12. 因此,正四面体的对称群是个 12 阶群,除了刚描述了的 9 个对称,再有 3 个,就是绕着一条连接一对棱的中点的直线为轴旋转 180°(图 2.12). 用置换的写法,那 12 个元是

$$\begin{pmatrix} 1 & 2 & 3 & 4 \\ 1 & 2 & 3 & 4 \end{pmatrix}, \begin{pmatrix} 1 & 2 & 3 & 4 \\ 1 & 4 & 2 & 3 \end{pmatrix}, \begin{pmatrix} 1 & 2 & 3 & 4 \\ 1 & 3 & 4 & 2 \end{pmatrix},$$

$$\begin{pmatrix} 1 & 2 & 3 & 4 \\ 4 & 2 & 1 & 3 \end{pmatrix}, \begin{pmatrix} 1 & 2 & 3 & 4 \\ 3 & 2 & 4 & 1 \end{pmatrix}, \begin{pmatrix} 1 & 2 & 3 & 4 \\ 4 & 1 & 3 & 2 \end{pmatrix},$$

$$\begin{pmatrix} 1 & 2 & 3 & 4 \\ 2 & 4 & 3 & 1 \end{pmatrix}, \begin{pmatrix} 1 & 2 & 3 & 4 \\ 2 & 3 & 1 & 4 \end{pmatrix}, \begin{pmatrix} 1 & 2 & 3 & 4 \\ 3 & 1 & 2 & 4 \end{pmatrix},$$

$$\begin{pmatrix} 1 & 2 & 3 & 4 \\ 3 & 4 & 1 & 2 \end{pmatrix}, \begin{pmatrix} 1 & 2 & 3 & 4 \\ 4 & 3 & 2 & 1 \end{pmatrix}, \begin{pmatrix} 1 & 2 & 3 & 4 \\ 2 & 1 & 4 & 3 \end{pmatrix}.$$

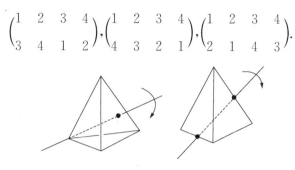

图 2.12

立方体的对称群是 S_8 的一个子群,看过这么多例子后,读者应该明白这个群不是整个 S_8,只是 S_8 里一个较小的子群. 如果你留意到立方体有四条对角线(图 2.13),而这四条对角线的任何置换总可以通过某个对称实现,你便知道立方体的对称群是 S_8 里的一个 24 阶子群,结构与 S_4 相同. 例如 $\begin{pmatrix} 1 & 2 & 3 & 4 & 5 & 6 & 7 & 8 \\ 6 & 7 & 8 & 5 & 2 & 3 & 4 & 1 \end{pmatrix}$ 代表一个绕着横轴转 $90°$ 的对称,它把对角线 $a=(1,5), b=(2,6), c=(3,7), d=(4,8)$ 的次序调换,是 $\begin{pmatrix} a & b & c & d \\ b & c & d & a \end{pmatrix}$. 立方体的每一面的中心构成一个正八面体的 6 个端点,因此正八面体的对称群的结构与立方体的对称群相同.

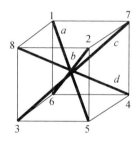

图 2.13

正四面体的对称群,是 4 次对称群 S_4 里一个很特殊的子群,叫作 4 次交错群,让我们跟交错群也打个交道吧. 首先,让我介绍一个把置换写作圈分解的表示方式,为了更好明白这个表示方式,我采用一个形象的阐述. 一个置换 σ 可以用一个图去表达,把 $1,2,\cdots,N$ 写在一个圆周上,如果 σ 把 i 换成 j,即 $\sigma(i)=j$,便从 i 点至 j 点画一条有向的线段,

例如 $\begin{pmatrix} 1 & 2 & 3 & 4 & 5 & 6 & 7 & 8 & 9 & 10 & 11 & 12 \\ 4 & 6 & 10 & 5 & 1 & 8 & 7 & 12 & 11 & 3 & 9 & 2 \end{pmatrix}$ 这个

置换的图,如图 2.14 所示. 读者一定留意到这样的图总是由若干个圈组成,在上面的例子,共有 5 个圈,其中一个圈有四点、一个圈有三点、两个圈各有两点、一个圈只有一点. 我们用 $(a_1,a_2,\cdots,a_m)$ 表示一个有 m 点的圈,意指从 a_1 走到 a_2,a_2 走

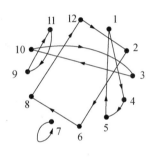

图 2.14

到 $a_3,\cdots,a_{m-1}$ 走到 a_m,a_m 走到 a_1. 在上面的例子,那 5 个圈是 $(2,6,8,12)$、$(1,4,5)$、$(3,10)$、$(9,11)$、(7). 其实一个圈 $(a_1,a_2,\cdots,a_m)$ 也是一个置换,它把 a_1 换作 a_2,a_2 换作 a_3,$\cdots\cdots$,a_{m-1} 换作 a_m,a_m 换作 a_1,其余不动. 从这个角度看,这些圈的合成正好就是原来的置换,而且在结合过程中,由于每个圈含的点不落在另一个圈内,结合次序无关大局. 在上面的例子,我们可以写成

$$\begin{pmatrix} 1 & 2 & 3 & 4 & 5 & 6 & 7 & 8 & 9 & 10 & 11 & 12 \\ 4 & 6 & 10 & 5 & 1 & 8 & 7 & 12 & 11 & 3 & 9 & 2 \end{pmatrix}$$

$= (1,4,5)(2,6,8,12)(3,10)(7)(9,11).$

一般而言,任何置换 σ 能唯一(次序不计)表成若干个圈的乘积,叫作 σ 的圈分解. 每个圈上的点数叫作它的圈长,圈长是 1 的圈即单位元置换,圈长是 2 的圈叫作对换. 我们把置换 σ 的圈分解里的圈的个数记作 $l(\sigma)$,例如在上面的例子,$l(\sigma) = 5$.

设 σ 是一个置换,而 τ 是一个对换,你猜 $\tau\sigma$ 与 σ 有什么好的关系呢? 分两种情况讨论:

(1) $\tau = (a,b)$,a 和 b 在 σ 的圈分解里同一个圈上,结合 τ 后,效果等于把这个圈分裂为两个圈(图 2.15).

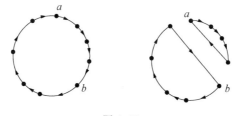

图 2.15

(2) $\tau = (a,b)$,a 和 b 在 σ 的圈分解里不同的圈上,结合 τ 后,效果等于把这两个圈合并为一个圈(图 2.16).

不论是哪一种情况,$l(\sigma)$ 与 $l(\tau\sigma)$ 总是相差 1. 让我们定义 σ 的正负号函数作 $\mathrm{sgn}(\sigma) = (-1)^{N-l(\sigma)}$,则 $\mathrm{sgn}(\tau\sigma) = -\mathrm{sgn}(\sigma)$.因此,若 σ 是 k 个对换的乘积,则 $\mathrm{sgn}(\sigma) = (-1)^k$,

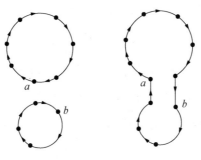

图 2.16

这是因为从定义可知 $\mathrm{sgn}(e)=1$，e 是单位元置换. 每个置换是若干个圈的乘积，而每个圈又可以写作若干个对换的乘积，比方 $(a_1,a_2,\cdots,a_m)=(a_1,a_2)(a_2,a_3)\cdots(a_{m-2},a_{m-1})(a_{m-1},a_m)$，所以任何置换可以写成若干个对换的乘积. 这种写法可不是唯一的，因为把一个圈写成对换的乘积，有不同的方法，例如 $(1,2,3,4,5)=(1,2)(2,3)(3,4)(4,5)$，但也有 $(1,2,3,4,5)=(1,2)(2,4)(1,5)(4,5)(2,3)(1,4)$. 不过，$\mathrm{sgn}(\sigma)$ 却因 σ 而确定，与 σ 是多少个对换合成无关. 根据刚才的正负号函数公式，我们知道虽然 σ 的对换乘积表示方式不唯一，对换的个数的奇偶性却是唯一的，因 σ 而确定. 我们把 $\mathrm{sgn}(\sigma)=1$ 的置换 σ 叫作偶置换，偶置换由偶数多个对换合成；把 $\mathrm{sgn}(\sigma)=-1$ 的置换 σ 叫作奇置换，奇置换由奇数多个对换合成. 如果 σ_1 和 σ_2 都是偶置换，它们的乘积 $\sigma_1\sigma_2$ 也是偶置换，e 当然是个偶置换，所以全部偶置换组成 S_N 里的一个子群，叫作 N 次交错群，记作 A_N. 如果 τ 是个对换，它是个奇置换,所以对任何 A_N 中的元 σ, $\tau\sigma$ 是个奇置换,而且任何奇置换 σ' 也可以由这种做法得来,只用取偶置换 ϖ',便有 $\tau(\varpi') = \tau^2\sigma' = \sigma'$.因此,$A_N$ 的阶正好是 S_N 的一半,即 $N!/2$,或者说,A_N 的指数是 2.

正四面体的对称群是 S_4 里的一个 12 阶子群,它其实与 A_4 的结构相同.众所周知,正多面体除了正四面体、立方体和正八面体外,还有两个,就是正十二面体和正二十面体.正十二面体每一面的中心构成一个正二十面体的十二个端点,所以它们的对称群是相同的.经过小心地计算(这儿不赘述),可以知道它们的对称群是 A_5.从几何角度看,正十二面体里蕴藏了五个立方体(图 2.17),每个正十二面体的对称,把这五个立方体的次序调换,所以正十二面体的对称群可以看作 S_5 里的一个子群,正好是 A_5.

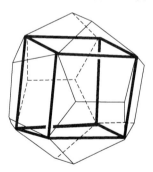

图 2.17

以上谈了这么多的例子,都是某个 S_N 里的一个子群.凡是 S_N 里的子群,便叫作置换群,以上的例子,都是置换群.不难从它们的几何定义去理解,例如正三角形有三个端点,所以它的对称群是 S_3 的一个子群.但其实更抽象地,任何有限群都是置换群,说得更仔细些,任何 N 阶群都是 N 次对称群 S_N 里的一个子群.这是英国数学家 A.凯莱(A. Cayley)在 1878 年发现的著名定理.如果你审视群表,也许你会发现这一回事,群表的每一行都是首行的置换,而且行与行(看成置换)的合成正好与首列相应的元的合成吻合.让我举一实例印证,一般的证明留待有兴趣的读者自己做吧.图 2.18 是矩形(非正方形)的对称群的群表,为易于比较我用了 $1,2,3,4$ 分别代替 I,R,V,H.对应于 3 的置换是 $\begin{pmatrix} 1 & 2 & 3 & 4 \\ 3 & 4 & 1 & 2 \end{pmatrix}$,对应于 4 的置换是 $\begin{pmatrix} 1 & 2 & 3 & 4 \\ 4 & 3 & 2 & 1 \end{pmatrix}$;3 与 4 结合得 2,对应于 2 的置换是 $\begin{pmatrix} 1 & 2 & 3 & 4 \\ 2 & 1 & 4 & 3 \end{pmatrix}$,而正好 $\begin{pmatrix} 1 & 2 & 3 & 4 \\ 3 & 4 & 1 & 2 \end{pmatrix}\begin{pmatrix} 1 & 2 & 3 & 4 \\ 4 & 3 & 2 & 1 \end{pmatrix}=\begin{pmatrix} 1 & 2 & 3 & 4 \\ 2 & 1 & 4 & 3 \end{pmatrix}$.所以这个四元群是 S_4 里的一个 4 阶子群.

	1	2	3	4
1	1		3	4
2	2	1	4	3
3	3	4	1	2
4	4	3	2	1

图 2.18

三 伯氏引理

§3.1 群在集上的作用

让我们看一个既不是太复杂又不是太简单的例子,就是正方形的对称群. 从第二章第 2.2 节和 2.7 节的讨论中我们知道这个群是八元二面体群 D_4,亦可以看成 4 次对称群 S_4 里的一个八阶子群,它的元是

$$x_0 = \begin{pmatrix} 1234 \\ 1234 \end{pmatrix}, \quad x_1 = \begin{pmatrix} 1234 \\ 4123 \end{pmatrix}, \quad x_2 = \begin{pmatrix} 1234 \\ 3412 \end{pmatrix},$$

$$x_3 = \begin{pmatrix} 1234 \\ 2341 \end{pmatrix}, \quad x_4 = \begin{pmatrix} 1234 \\ 4321 \end{pmatrix}, \quad x_5 = \begin{pmatrix} 1234 \\ 1432 \end{pmatrix},$$

$$x_6 = \begin{pmatrix} 1234 \\ 2143 \end{pmatrix}, \quad x_7 = \begin{pmatrix} 1234 \\ 3214 \end{pmatrix}.$$

现在,让我们在正方形的四个角上放置标以 A, B, C, D 的四个球,每个角上放一个. 如果正方形是固定不动的,便有

24 个不同的摆法, 可以写作

$$(ABCD), (ABDC), (ACBD), \cdots.$$

像第一个摆法, 是把 A 放在 1 号角、B 放在 2 号角、C 放在 3 号角、D 放在 4 号角, 其余类推. 不过, 这种表示方式可没有考虑到那四个角其实是不可区别的, 例如 $(ABCD)$ 和 $(DABC)$ 貌异而实同, 把前一个放置了球的正方形逆时针方向转 $90°$ (x_1 的作用) 便得出后一个了. 类似地, 从 $(AB\text{-}CD)$ 经由正方形对称群的 8 个移动可得出 8 个互相貌异而实同的摆法, 即

$$(ABCD), (DABC), (CDAB), (BCDA),$$
$$(DCBA), (ADCB), (BADC), (CBAD).$$

但 $(BACD)$ 却是一个貌异亦实异的摆法, 不论你怎样移动正方形, 都不能从 $(ABCD)$ 得出 $(BACD)$ 的. 从 $(BACD)$ 经由正方形对称群的 8 个移动可得出另外 8 个互相貌异而实同的摆法, 即

$$(BACD), (DBAC), (CDBA), (ACDB),$$
$$(DCAB), (BDCA), (ABDC), (CABD).$$

这 8 个摆法与前 8 个摆法合起来, 共有 16 个, 还欠 8 个才凑足 24 个摆法, 这 8 个就是

$$(ACBD), (DACB), (BDAC), (CBDA),$$
$$(DBCA), (ADBC), (CADB), (BCAD).$$

从头一个经由正方形对称群的 8 个移动, 可得出全部 8 个.

所以,真正不同的摆法其实只有 3 个,就是

$$(ABCD),(BACD),(ACBD).$$

从这个例子我们清楚地见到关键所在,正方形对称群作用在全部构形上,把它们划分为若干类,每一类才是我们应该着眼的个体.要数数有多少个真正不同的构形,就是要数数有多少类.这种想法,导致群作用在集上的概念,为了方便以后叙述,容许我稍为抽象一些做个介绍.设 G 是一个群,S 是一个集,对任意 G 中元 g 和 S 中元 s 规定二者结合产生某个 S 的元,记作 $g * s$.这种结合关系满足以下两个条件:

(1)对 G 中元 g、h 和 S 中元 s,有

$$g * (h * s) = (gh) * s.$$

(2)对 S 中元 s,有 $e * s = s$.

这里的 gh 表示 g 和 h 在 G 里的乘积,而 e 表示 G 的单位元.我们把这样的结合关系叫作 G 在 S 上的作用.熟悉高等数学名词的读者,都知道那等于说 G 在 S 上的作用是个从 $G \times S$ 至 S 的映射,满足条件(1)和(2).不过,读者即使不懂这些名词也不要紧,主要是明白其中涵义.见过前面的例子,读者对这个概念的其中涵义,应该觉得“司马昭之心,路人皆知”吧? 比如说,S 是全部 24 个摆法 $(ABCD),(ABDC),(ACBD),\cdots$ 组成的集,G 是正方形的对称群.e 就是 x_0,即不动,所以 e 作用于任何摆法 s 还是得

出原来的摆法 s，即条件（2）.考虑 $s=(ABCD)$，$g=x_1$，$h=x_5$.注意到 g 是逆时针方向转 $90°$ 的移动，h 是绕着斜向右下角的对角线作轴翻转 $180°$ 的移动，gh 是先 h 后 g，相当于绕着横中线作轴翻转 $180°$ 的移动，即 x_6.先经 h 作用于 s 得出 $s'=(ADCB)$，再经 g 作用于 s' 得出 $(BADC)$，效果与直接经 $gh=x_6$ 作用于 s 是相同的，这即条件（1）.

按照刚才的例子，我们应该着眼于计算全部 $g*s$，s 是给定的，而 g 走遍群 G.在刚才的例子里，这种计算的结果是把 S 的元划分为三类，一般而言，是否仍然有这个现象呢？让我们看看，为方便叙述，先引入以下的术语.给定 S 中一个元 s，全部 $g*s$（g 走遍群 G）组成一个 S 的子集，记作 $G(s)$，叫作 s 的轨.用集合论的语言，这个写作 $G(s)=\{g*s \mid g\in G\}$.不同的 s 可能产生不同的轨，但不同的轨必不相交，即二者没有公共的元.要说明这一回事并不难，让我只勾画证明的轮廓，留待读者自行补足细节.设 $G(s_1)$ 和 $G(s_2)$ 分别是 s_1 和 s_2 的轨，它们有一公共元 t，要证明 $G(s_1)$ 和 $G(s_2)$ 是相同的集（图 3.1）.按定义，有 G 中元 g_1 和 g_2 使 $t=g_1*s_1=g_2*s_2$，所以

$$s_1 = e*s_1 = (g_1^{-1}g_1)*s_1$$
$$= g_1^{-1}*(g_1*s_1)$$
$$= g_1^{-1}*(g_2*s_2)$$
$$= (g_1^{-1}g_2)*s_2,$$

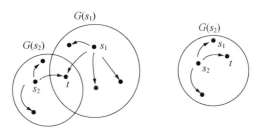

图 3.1

所以 s_1 落在 $G(s_2)$ 里,从而全部 $G(s_1)$ 的元也落在 $G(s_2)$ 里;类似地可证明全部 $G(s_2)$ 的元也落在 $G(s_1)$ 里;所以 $G(s_1)=G(s_2)$. 每一个 S 的元必落在某个轨,具体地说,s 落在 s 的轨 $G(s)$,这是因为 $s=e*s$. 于是,我们知道 S 被划分为若干个轨,即若干个互不相交的子集合并而成 S(图 3.2),我们要数的正是轨的个数.

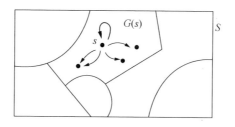

图 3.2

在前面的例子里,有 3 个轨,每个轨有 8 个元. 这样整齐的现象可不是常规,一般而言,轨的大小不是个个一样的. 不如让我们多看一个例子,G 仍然是正方形的对称群,S 是全部在正方形的四个角上各放一个黑球或白球的摆法组成的集. 这些摆法共有 $2^4=16$ 个,可写作

（黑黑黑黑），（黑黑黑白），（黑黑白黑），….

其意自明，G 在 S 上的作用，类似前述，它导致的轨共有 6 个，其中两个轨各有 1 个元、一个轨有 2 个元、三个轨各有 4 个元（图 3.3）. 这 6 个轨代表了真正不同的摆法，其中一个用上四个黑球、一个用上三个黑球、两个用上两个黑球、一个用上一个黑球，一个没有用上黑球.

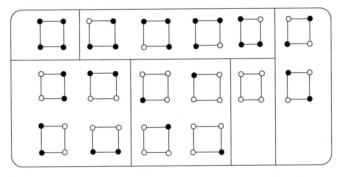

图 3.3

说到这儿，读者可能会问："为什么把那些 $G(s)$ 叫作轨呢?"试考虑无穷平面的旋转群 G，G 中每个元代表绕着平面上一个固定点逆时针方向旋转某个角度的移动，群的结合关系是旋转角的叠加. 设 S 是平面的点组成的集，G 在 S 上的作用就是经旋转后把原来一点移到它应去的位置上那一点. 那么，$G(s)$ 是什么呢? 请读者试自行画出来，看着图你便同意轨这个名字的确有贴切的几何意思.

§3.2 轨和稳定子群

现在,我们可以把问题表述成以下的形式:已知一个群 G 在一个集 S 上的作用,试计算轨的个数.如果每个轨的大小是一样,设有 k 个元,答案容易得出,就是 $|S|/k$,$|S|$ 是 S 的元的个数.但上一节里第二个例子说明了一般情况并非如此,我们首先要计算的是每个轨有多少个元,这便引入稳定子群的概念了.让我们先理解为什么轨的大小不一样,那是因为可能存在 G 中元 g_1 和 g_2,$g_1 \neq g_2$,但 $g_1 * s = g_2 * s$.如果没有那样的元,g 走遍群 G 时,$g * s$ 个个不相同,于是每个轨都有 $|G|$ 个元了.请注意,以上的说法等于说:存在 G 中元 g,g 不是单位元,但 $g * s = s$.读者只要仿效上一节用过的做法,运用条件(1)和(2)便能证明这一回事,我不赘述了.我们把全部满足 $g * s = s$ 的 g 收集在一起,它们不单组成 G 的一个子集,更组成 G 的一个子群,验证是直接计算,又是运用条件(1)和(2),我也不赘述了.这个子群记作 G_s,叫作 s 的稳定子群,用集合论的语言写作 $G_s = \{g \mid g \in G, g * s = s\}$.请读者不要把 G_s 和 $G(s)$ 混淆,前者是 G 的一个子群,后者是 S 的一个子集.

接着要说明的一个公式直觉上相当明显,但为了符合上一节的定义我们不得不作一点数学上的"装扮",不如让我先道出公式的中心思想再去证明它吧.我们利用 G_s 把 G 划分成若干块,构成每一块的元正好是作用于 s 有相同效果的元,于是每一块便对应于轨 $G(s)$ 一个元,有多少块 $G(s)$ 便有多少个元了.划分的办法是用 G_s 的元遍乘 G 的元,容易知道这样做每块有同样多的元,元的个数就是 G_s 的阶.因此,如果 G 的阶是 n,G_s 的阶是 m,则 G 给划分成 n/m 块,所以轨 $G(s)$ 也就有 n/m 个元了(图 3.4).还记得第二章第 2.5 节的内容的读者,自然认得 n/m 这个数即子

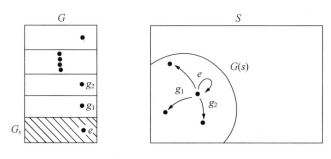

图 3.4

群 G_s 的指数.现在让我们来证明这个公式:$G(s)$ 中元的个数等于稳定子群 G_s 的指数,先定义一个群 G_s 在集 G 上的作用,对 G_s 中元 h 和 G 中元 g,规定 $h * g$ 是 gh^{-1}(g 和 h^{-1} 在 G 里的乘积).不难验算那真的是个群在集上的作用,于是 G 给划分成轨 $G_s(g) = \{gh^{-1} \mid h \in G_s\}$,$g$ 走遍群 G.也不难验算每个轨 $G_s(g)$ 有 m 个元,$G_s(g_1) = G_s(g_2)$ 当且仅当 $g_1^{-1}g_2$ 落在 G_s 里,即 $g_1 * s = g_2 * s$.对每块 $G_s(g)$ 规定 $g * s$ 与它对应,这个对应与 g 在 $G_s(g)$ 里的选取无关,而且不同的 $G_s(g)$ 对应于不同的元 $g * s$,任何

$G(s)$ 的元又与某块 $G_s(g)$ 对应,于是 $G(s)$ 的元的个数等于块的个数,即 n/m,也即子群 G_s 的指数.

有了上面的公式,我们终于能够说明一个非常有用的计数公式,也就是本书要讲述的中心理论的头一步.这个计数公式在很多书本中被称作"伯氏引理"(Burnside's Lemma),因为它经由英国群论专家 W. 伯恩赛德(W. Burnside)的经典名著《有限群论》(第 2 版,1911 年)而广泛流传.其实,早于 1845 年法国数学家 A. L. 柯西(A. L. Cauchy)已提出这个公式,后来德国数学家 F. G. 弗洛比尼斯(F. G. Frobenius)把它证明了.由于习称已久,本书姑且沿用"伯氏引理"这个名字,有兴趣想多知道一些有关史料的读者,可以参看以下的文章:P. M. Neumann. A lemma that is not Burnside's. The Mathematical Scientist,1979,4(2):133-141;E. M. Wright. Burnside's Lemma:a historical note. Journal of Combinatorial Theory,series B,1981(30):89-90.

§3.3 伯氏引理的证明

让我们先写下伯氏引理:设 G 是一个 n 阶群,有元 g_1,$g_2,\cdots,g_n$,S 是一个有限集,而 G 作用于 S 上.若 r 是这个作用下的轨的个数,则

$$r n = \mid X(g_1) \mid + \cdots + \mid X(g_n) \mid,$$

$X(g)$ 是由 S 中所有满足 $g*s=s$ 的元 s 组成的集，$|X(g)|$ 是这个集的元的个数.

未证明这条定理前，让我们用第 3.1 节的两个例子印证一下. 在第一个例子里，数据如下：

$n=8$；$|X(x_0)|=24$，$|X(x_1)|=\cdots=|X(x_7)|=0$.

为什么是这样呢？对 x_0 来说，作用是不移动正方形，所以不论是 24 个摆法中的哪一个，经 x_0 的作用后还是同一个，所以 $X(x_0)$ 是全部 24 个摆法组成的集. 对任何别的元，作用总是移动了某些角，所以不论是哪一个摆法，经它的作用后肯定不是同一个，所以 $X(x_1),X(x_2),\cdots,X(x_7)$ 都是空集. 把数据代入伯氏引理的公式，轨的数目 r 满足 $8r=24+0+\cdots+0=24$，所以 $r=3$. 在第二个例子里，数据如下：

$$n=8;|X(x_0)|=16,|X(x_1)|=2,|X(x_2)|=4,$$
$$|X(x_3)|=2,|X(x_4)|=4,|X(x_5)|=8,$$
$$|X(x_6)|=4,|X(x_7)|=8.$$

为什么是这样呢？迟一点我们将在第 3.4 节里介绍一个概括的普遍算法，读者暂时不妨按照定义就着个别特殊情况计算，这对以后的解释，是有助于理解的. 把数据代入伯氏引理的公式，轨的数目 r 满足 $8r=16+2+4+2+4+8+4+8=48$，所以 $r=6$.

证明伯氏引理的方法，是用两种不同的看法去数同一个数目，这个数目就是全部满足 $g*s=s$ 的有序偶 (g,s) 的

个数,暂记作 M. 先选定 g,应有 $|X(g)|$ 个那种有序偶,再走遍 G 中元 g,得到 $M = |X(g_1)| + \cdots + |X(g_n)|$. 再选定 s,应有 $|G_s|$ 个那种有序偶,再走遍 S 中元 s,得到 $M = \sum |G_s|$,求和式中的项数等于 S 中元的个数. 利用第 3.2 节的公式,我们把 $|G_s|$ 换作 $n/n(s)$,$n(s)$ 是轨 $G(s)$ 的元的个数. 如果轨 $G(s)$ 有元 $s_1, \cdots, s_j$,$j = n(s)$,便有

$$|G_{s_1}| + \cdots + |G_{s_j}| = n(1/j + \cdots + 1/j) = n,$$

因为式中正好有 j 个 $1/j$. 因此,如果有 r 个轨,$M = \sum |G_s| = m$. 把两个计算 M 的答案比较,便有

$$rn = |X(g_1)| + \cdots + |X(g_n)|.$$

证明完毕.

  设 G 是一个群,H 是 G 的一个子群,定义一个群 H 在集 G 上的作用:对 H 中元 h 和 G 中元 g,规定 $h * g$ 是 gh^{-1}(g 和 h^{-1} 在 G 里的乘积). 在第 3.2 节里你已见过类似的作用,这时 g 的轨 $H(g) = \{gh^{-1} | h \in H\}$ 也就是 $\{gh | h \in H\}$,在第 2.5 节里叫作包含 g 的 H 的(左)陪集,陪集的个数叫作 H 的指数,记作 $(G : H)$. 把伯氏引理应用于这个特殊情况,数据如下:

$$n = |H|; |X(e)| = |G|;$$

$$|X(h)| = 0, h \neq e; r = (G : H).$$

读者试写下 $X(h)$ 的定义便明白了. 因此,公式变成

$(G:H)\,|\,H\,|=|\,G\,|$,即第 2.5 节提及的拉格朗日定理的内容. 就这个意义说,伯氏引理是拉格朗日定理的推广.

§3.4 伯氏引理的应用

让我们回到第 3.1 节的第二个例子,这是一个颇为典型的问题,值得我们多费一点笔墨把它纳入一个较广泛的结构,所以容许我采用一个较抽象的表述方式.

考虑两个集,$C=\{1,\cdots,N\}$ 和 $R=\{r_1,\cdots,r_m\}$. S 是全部从 C 到 R 的映射组成的集,即,S 中的元 f 是这样的,它对每个 C 中元 x 对应一个 R 中元,记作 $y=f(x)$. 看看实例较易明白,在第 3.1 节那个例子里,$N=4$,$m=2$ 而 $r_1=$白,$r_2=$黑. S 中一个典型的元 f 是这样:$f(1)=$白、$f(2)=$白、$f(3)=$黑、$f(4)=$黑;它代表的自然是一个摆法:在 1 号角和 2 号角放白球,在 3 号角和 4 号角放黑球,也即在第 3.1 节写的(白白黑黑). G 是 N 次对称群 S_N 里某个子群,我们定义群 G 在集 S 上的作用如下:对 G 中元 π 与 S 中元 f,规定 $\pi*f$ 是 $f\pi$,即 f 和 π(二者都看作映射)的合成. 看看实例较易明白,在第 3.1 节那个例子里,G 是正方形的对称群,看成是 S_4 的子群,元是 $x_0,x_1,\cdots,x_7$(见第 3.1 节),设 $\pi=x_5=\begin{pmatrix}1234\\1432\end{pmatrix}$,$f$ 如上述. 那么 $f\pi(1)=f(1)=$白、$f\pi(2)=f(4)=$黑、$f\pi(3)=f(3)=$黑、$f\pi(4)=f(2)=$白,

所以 $f\pi$ 就是(白黑黑白),即经 x_5 的作用,把正方形翻转 180°后再逆时针方向转 90°,摆法从(白白黑黑)变成(白黑黑白).要数数有多少个构形,就等于数数在这个作用底下有多少个轨.根据伯氏引理,我们只用计算每个 $X(\pi)$ 有多少个元,然后代入公式.

给定 G 中一个元 π,从第二章第 2.7 节的讨论中我们知道 π 有唯一的圈分解,圈分解里的圈的个数记作 $l(\pi)$,比方刚才 $\pi = x_5$,它的圈分解是 $(1)(3)(2,4)$,$l(\pi)=3$.要求 f 满足 $\pi * f = f$,就是要求 $f\pi(1)=f(1)$,$f\pi(2)=f(2)$,$\cdots$,$f\pi(N)=f(N)$.要达到这个要求,只要 f 在每个圈上的点取相同的值便成,至于 f 在不同的圈上的点取什么值,互相之间倒没有任何约束条件的.反之,这样的 f 一定满足 $\pi * f = f$.例如刚才的 $\pi = x_5$,$f(1)$ 可以取值白或黑,$f(3)$ 可以取值白或黑,$f(2)$ 和 $f(4)$ 要同时取值白或同时取值黑;因此,$X(\pi) = \{f \mid \pi * f = f\}$ 共有 $2^3 = 8$ 个元,即 $|X(\pi)|=8$.一般而言,$|X(\pi)| = |R|^{l(\pi)}$,所以轨的个数(构形的个数)等于

$$\frac{1}{|G|} \sum |R|^{l(\pi)},$$ 在这个求和式中,π 走遍 G.

让我们就着这个架构重复第 3.1 节第二个例子的计算,在这个例子中,$|G|=8$,$|R|=2$,G 的 8 个元的圈分解是

$$x_0 = (1)(2)(3)(4), \quad x_1 = (1,4,3,2),$$
$$x_2 = (1,3)(2,4), \quad x_3 = (1,2,3,4),$$

$$x_4 = (1,4)(2,3), \quad x_5 = (1)(3)(2,4),$$

$$x_6 = (1,2)(3,4), \quad x_7 = (2)(4)(1,3);$$

所以 $l(x_0)=4, l(x_1)=1, l(x_2)=2, l(x_3)=1, l(x_4)=2,$ $l(x_5)=3, l(x_6)=2, l(x_7)=3$. 在这个例子里, $|R|=2$, 因此构形的个数等于 $(2^4+2^1+2^2+2^1+2^2+2^3+2^2+2^3)/8 = (16+2+4+2+4+8+4+8)/8 = 6$. 利用这个更一般的公式我们可以同时轻易解决一大类的问题, 最简单直接的一种推广是问: 如果放在正方形四个角上的球不限于黑白两种颜色, 可以是 m 种不同的颜色, 那么共有多少个不同的构形呢? 代入上面的公式, 答案是

$$(m^4+m+m^2+m+m^2+m^3+m^2+m^3)/8$$
$$=(m^4+2m^3+3m^2+2m)/8.$$

如果颜色球有黑、白、红三种颜色, 便有 21 个不同的构形; 如果颜色球有黑、白、红、黄四种颜色, 便有 55 个不同的构形, 在这里不妨拿话岔开, 从侧面欣赏伯氏引理的美妙. 从上面的公式计算得来的答案既然是构形的个数, 它一定是个正整数, 即无论 m 是什么, 8 总整除 $m^4+2m^3+3m^2+2m$. 当然, 用数学归纳法是不难证明这回事的, 不过只凭肉眼不作计算, 事前又不知道它代表某些构形的个数的话, 是不易辨认出 $m^4+2m^3+3m^2+2m$ 是 8 的倍数.

让我们转看另一个问题: 用三种颜色的珠子可以串成多少条不同的长度是六颗珠子的项链呢? 这个问题能轻易地

纳入刚讨论过的架构,适用的群是 $G=D_6$,看作 6 次对称群 S_6 的子群,$C=\{1,2,3,4,5,6\}$,$R=\{r_1,r_2,r_3\}$,S 的元 f 相应于串法,一条项链相应于在 G 的作用底下 S 里的一个轨,要数数有多少条项链,等于数数有多少个轨.如果读者动手计算一下,便知道 G 的 12 个元的圈分解的圈的个数分别是 6,1,2,3,2,1,4,3,4,3,4,3.因此,轨的个数是$(3^6+3\times3^4+4\times3^3+2\times3^2+2\times3)/12=92$,也就是说,共有 92 条不同花式的项链.

一个自然的推广是计算 m 种颜色的珠子可以串成多少条长度是 N 颗珠子的项链.适用的群是 $G=D_N$,看作 N 次对称群 S_N 的子群,$C=\{1,2,\cdots,N\}$,$R=\{r_1,r_2,\cdots,r_m\}$.D_N 包含一个 N 阶循环子群,与 Z_N 有相同的结构,不如让我们先看看 Z_N 作用于 S 上的轨的个数吧.Z_N 由单一个元生成,不妨设这个生成元是置换 $\pi=\begin{pmatrix}1&2&3&\cdots&N-1&N\\N&1&2&\cdots&N-2&N-1\end{pmatrix}=$ $(1,N,N-1,\cdots,3,2)$,$l(\pi)=1$.要计算的是 $l(\pi^2)$,$l(\pi^3),\cdots,l(\pi^{N-1})$;至于 $l(\pi^N)=l(e)$,无须计算也知道那是等于 N.举一个特例作说明吧,考虑 π^3,它把 1 换作 $N-2$,把 $N-2$ 换作 $N-5$,$\cdots\cdots$,这样循环一周回到起点 1,刚好跑遍$[N,3]/3$点,这里的$[N,3]$表示 N 和 3 的最小公倍数(图 3.5).整个置换便是由这一类圈合成,每个圈的长都是一样,所以圈的个数是 $N\div[N,3]/3=3N/[N,3]=(N,3)$,这里

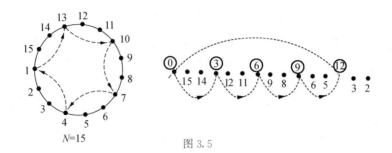

图 3.5

的 $(N,3)$ 表示 N 和 3 的最大公约数. 类似地, $l(\pi^k)=(N,k)$, 根据上面的公式, 轨的个数是 $N(N,m)=\dfrac{1}{N}\sum\limits_{k=1}^{N}m^{(N,k)}$. 除了 Z_N 的 N 个元以外, D_N 还有另外一半的 N 个元, 分别是把 Z_N 的元乘上 $\tau=\begin{pmatrix}1 & 2 & 3 & 4 & \cdots & N-1 & N\\ 1 & N & N-1 & N-2 & \cdots & 3 & 2\end{pmatrix}$. 读者仔细分析一下, 便知道这些元的圈分解有个特别的模式: 若 $N=2n+1$ (奇数), 则每个元的圈分解有 $n+1$ 个圈; 若 $N=2n$ (偶数), 则一半的元的圈分解有 n 个圈, 另一半的元的圈分解有 $n+1$ 个圈 (图 3.6). 因此, 轨的个数是 $M(N,m)=$

$$\frac{1}{2N}\sum_{k=1}^{N}m^{(N,k)}+\frac{1}{2N}\sum_{k=1}^{N}m^{n+1}\text{ 或 }\frac{1}{2N}\sum_{k=1}^{N}m^{(N,k)}+\frac{1}{2N}\sum_{k=1}^{n}m^{n}+$$

$\dfrac{1}{2N}\sum\limits_{k=1}^{n}m^{n+1}$, 视乎 $N=2n+1$ 或 $N=2n$. 再化简一下, 轨的个数是 $M(N,m)=N(N,m)/2+A$, 其中 A 是 $m^{n+1}/2$ 或 $(m+1)m^{n}/4$, 视乎 $N=2n+1$ 或 $N=2n$. 举一个实例, 把圆

盘分为相等的六个扇面,每一面涂上黑色或白色,共有多少
个不同的圆盘呢(图 3.7)?答案即 $N(6,2)$,从上式计算,
那是 14.假设圆盘是用透明塑料制成,翻转并无分别,共有
多少个不同的圆盘呢?答案即 $M(6,2)$,从上式计算,那是
13.请读者察看那 14 个圆盘(图 3.7),试找出在第二种情
况下哪一个是不需要的呢?

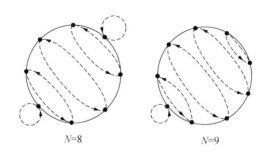

N=8   N=9

图 3.6

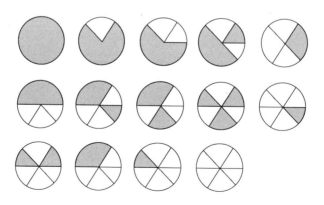

图 3.7

有些问题初看不像上述的模式,但换一个角度看,却可以纳入同一个架构.让我举以下的问题为例:有三只标以 A, B, C 的桶和六个球,其中三个是黑球,两个是白球,一个是红球,把这六个球分放在桶里,有些桶可以不放球,共有多少个不同的放置方法呢?读者不妨先想一想怎样把这个问题纳入上述的架构.显然,$C=\{1,2,3,4,5,6\}$ 和 $R=\{A,B,C\}$,S 中元 f 是一个放置(有标号的)球的方法.设 1 号、2 号和 3 号球是黑球、4 号和 5 号球是白球、6 号球是红球,那么在什么群的作用底下,S 的轨才代表一个放置方法呢?看一个实例吧,设 $f(1)=B,f(2)=A,f(3)=A,f(4)=C,f(5)=A,$ $f(6)=B;g(1)=A,g(2)=A,g(3)=B,g(4)=A,g(5)=C,$ $g(6)=B;h(1)=A,h(2)=B,h(3)=C,h(4)=A,h(5)=A,$ $h(6)=B.$ 它们都是在桶 A 放三个球,桶 B 放两个球,桶 C 放一个球的方法,不过 f 和 g 代表同一个放置方法,h 却代表另一个放置方法.f 和 g 代表的方法,桶 A 有两个黑球和一个白球,桶 B 有一个黑球和一个红球,桶 C 有一个白球;但 h 代表的方法,桶 A 有一个黑球和两个白球,桶 B 有一个黑球和一个红球,桶 C 有一个黑球(图 3.8).明白了这个道理,读者大概知道怎样写下适合的群吧,它是 6 次对称群 S_6 的子群,有 12 个元,写作圈分解表示,就是

$$(1)(2)(3)(4)(5)(6), \qquad (1)(4)(5)(6)(2,3),$$

$$(2)(4)(5)(6)(1,3), \qquad (3)(4)(5)(6)(1,2),$$

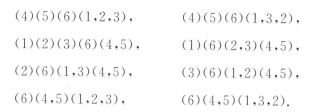

$$(4)(5)(6)(1,2,3), \qquad (4)(5)(6)(1,3,2),$$
$$(1)(2)(3)(6)(4,5), \qquad (1)(6)(2,3)(4,5),$$
$$(2)(6)(1,3)(4,5), \qquad (3)(6)(1,2)(4,5),$$
$$(6)(4,5)(1,2,3), \qquad (6)(4,5)(1,3,2).$$

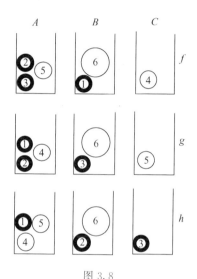

图 3.8

代入公式,轨的个数是 $\dfrac{1}{12}(3^6 + 4 \times 3^5 + 5 \times 3^4 + 2 \times 3^3) = 180$,所以共有 180 个不同的放置方法.

观察上面那个问题的两种极端情况,是有点教益的.第一种情况是把 N 个可区别的球(例如个个不同颜色)分放在 m 个标了号的桶里,考虑的 G 是单元群,只含单元 e,$C = \{1,\cdots,N\}$ 和 $R = \{r_1,\cdots,r_m\}$.由于 $|G| = 1$ 和 $l(e) = N$,不同的放置方法共有 m^N 个.读者大概会觉得好笑,割鸡焉用牛

刀,只用注意第一个球有 m 个桶可放,第二个球也有 m 个桶可放,其余类推;合起来便有 $m \times \cdots \times m(N \text{个}) = m^N$ 个不同的放置方法了.对的,对付这个问题的确无须动用伯氏引理,放在这儿只是为了印证一下上述的公式罢了.第二种情况是把 N 个不可区别的球(例如全部同一颜色)分放在 m 个标了号的桶,考虑的 G 是整个 N 次对称群 S_N,$C = \{1, \cdots, N\}$ 和 $R = \{r_1, \cdots, r_m\}$.根据公式,轨的个数是 $\sum m^{l(\pi)} / N!$,求和式中 π 走遍全部 N 次置换.例如 S_2 中有 1 个置换分解成 2 个圈、1 个置换分解成 1 个圈,所以共有 $(m^2 + m)/2 = (m+1)m/2$ 个放置方法;S_3 中有 1 个置换分解成 3 个圈、3 个置换分解成 2 个圈、2 个置换分解成 1 个圈,所以共有 $(m^3 + 3m^2 + 2m)/6 = (m+2)(m+1)m/6$ 个放置方法;S_4 中有 1 个置换分解成 4 个圈、6 个置换分解成 3 个圈、11 个置换分解成 2 个圈、6 个置换分解成 1 个圈,所以共有 $(m^4 + 6m^3 + 11m^2 + 6m)/24 = (m+3)(m+2)(m+1)m/24$ 个放置方法.目光锐利的读者(或者学过排列组合的读者)大概已看出规律,看来一般的答案似是 $(m+N-1)(m+N-2)\cdots(m+1)m/N!$,也就是 $(m+N-1)! / N! (m-1)! = \binom{m+N-1}{N}$,

后者符号 $\binom{x}{y}$ 表示从 x 件不同的物件选出 y 件的全部方法个数.其实,有一个更容易计算出答案的方法,是把问题看成在

N 点之间插 $m-1$ 条杠,把点分隔开来,例如 ··|·|·|· 表示 1 号桶放 2 个球、2 号桶放 1 个球、3 号桶不放球、4 号桶放 1 个球. 更进一步,把问题看成在 $N+(m-1)=m+N-1$ 件不同的物件(标了号的点连杆)选出 N 件(点),看看有多少个选法,那不正好是 $\dbinom{m+N-1}{N}$ 吗? 从刚才的计算,我们知道这个数等于 $\sum m^{l(\pi)}/N!$,求和式中 π 走遍全部 N 次置换. 如果我们用 $\bar{S}(N,k)$ 表示分解成 k 个圈的 N 次置换的个数,便得到等式

$$\frac{1}{N!}\sum_{k=1}^{N}\bar{S}(N,k)m^k=\binom{m+N-1}{N},$$

在组合数学里这个 $\bar{S}(N,k)$ 可有点名堂,它是 $S(N,k)$ 的绝对值,后者称作第一类斯特林数(Stirling number of the first kind),可以按照以下的递归计算式而得:

$$S(0,0)=1;$$

若 N 和 k 都大于 0,则

$$S(N,0)=S(0,k)=0;$$

若 k 大于 N,则

$$S(N,k)=0;$$

$$S(N,k)=S(N-1,k-1)-(N-1)S(N-1,k).$$

要从这样的定义推导上面的等式,涉及较多关于组合恒等式的知识,为了不把话题岔开,我不叙述了.

有时,我们需要小心选择群 G,最显眼的群可不一定具

有最合用的样子,看看下面两个问题吧.第一个问题是:把正四面体的四个面涂上油漆,或涂红色,或涂绿色,共有多少个不同的花式呢? 最显眼的群自然是正四面体的对称群,与 A_4 结构相同(见第二章第 2.7 节).正四面体有四个面,每个面与它对着的端点正好来个一一对应.把每一面涂色,不妨看成把每个端点涂色,因此如同前面叙述过的例子完全一样,花式共有 $\sum 2^{l(\pi)}/12$,求和式中 π 走遍 A_4 .读者计算一下,便知道答案是 $(2^4 + 11 \times 2^2)/12 = 5$ 个.第二个问题是:把立方体的六个面涂上油漆,或涂红色,或涂绿色,共有多少个不同的花式呢? 最明显的群自然是立方体的对称群,可以看作 S_8 的子群,把八个端点置换,也可以看作 S_4 的子群,把四条对角线置换.可惜立方体只有六面,我们不便利用 S_8 那个子群,也不便利用 S_4 那个子群,不能够像前一个问题直接套用那道公式,否则计算出的是另一回事! 我们要看的是 S_6 的一个子群,它其实是原来的立方体的对称群,只是表成立方体六个面的置换.让我举一个实例作说明,$\begin{pmatrix} 1 & 2 & 3 & 4 & 5 & 6 & 7 & 8 \\ 1 & 3 & 4 & 2 & 5 & 7 & 8 & 6 \end{pmatrix}$ 代表绕着连接点 1 和点 5 的对角线作轴旋转 120° 这个对称(图 3.9),它也可以表成 6 次对称群 S_6 的元 $\begin{pmatrix} 1 & 2 & 3 & 4 & 5 & 6 \\ 3 & 5 & 6 & 2 & 4 & 1 \end{pmatrix} = (1,3,6) \cdot (2,5,4)$,右边的 1 表示由点 1、点 2、点 7 和点 8 组成的正

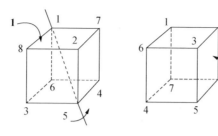

图 3.9

方形,记作 $\{1,2,7,8\}$,类似地 2 表示 $\{3,4,5,6\}$、3 表示 $\{1,3,6,8\}$、4 表示 $\{2,3,5,8\}$、5 表示 $\{2,4,5,7\}$、6 表示 $\{1,4,6,7\}$. 刚才的对称把面 1 换成面 3、面 2 换成面 5,其余类推. 如果你把 24 个对称都用这种方式表成 S_6 的元,然后每个写下它的圈分解表示,再套用上述的公式,便计算出轨的个数,也就是不同的花式的个数了.(另一个较快捷的计算方法是利用那 24 个对称的几何解释,察看它们如何调换立方体的六个面,从而写下每个元的圈分解表示.)全部元的圈分解表示是:

$(1)(2)(3)(4)(5)(6)$,　$(1)(2)(3,6,5,4)$,

$(1)(2)(3,5)(4,6)$,　$(1)(2)(3,4,5,6)$,

$(4)(6)(1,3,2,5)$,　$(4)(6)(1,2)(3,5)$,

$(4)(6)(1,5,2,3)$,　$(3)(5)(1,6,2,4)$,

$(3)(5)(1,2)(4,6)$,　$(3)(5)(1,4,2,6)$,

$(1,3,6)(2,5,4)$,　$(1,4,3)(2,6,5)$,

$(1,4,5)(2,6,3)$,　$(1,5,6)(2,3,4)$,

三　伯氏引理 | 63

$(1,6,3)(2,4,5)$，　　　$(1,3,4)(2,5,6)$，

$(1,5,4)(2,3,6)$，　　　$(1,6,5)(2,4,3)$，

$(1,3)(2,5)(4,6)$，　　　$(1,4)(2,6)(3,5)$，

$(1,2)(3,6)(4,5)$，　　　$(1,5)(2,3)(4,6)$，

$(1,6)(2,4)(3,5)$，　　　$(1,2)(3,4)(5,6)$，

所以不同的花式共有 $(2^6+3\times2^4+12\times2^3+8\times2^2)/24=10$ 个. 当然, 不懂伯氏引理单凭试验, 这个答案也不难得来(见第一章第 1.2 节), 但换了是 m 种油漆, 单凭试验便无从得到 $(m^6+3m^4+12m^3+8m^2)/24$ 这个答案了. 在第一章第 1.2 节我们还提出一个貌似相同的问题: 用逐面相隔的横直彩色线代替整面涂色, 共有多少个不同的花式呢？ 即使是只有两种油漆 $(m=2)$ 的情况, 这个问题跟前一个问题的答案也不一样, 因为这次合用的群不再是立方体的对称群, 只是它的一个子群. 举一个实例, $\begin{pmatrix}1&2&3&4&5&6&7&8\\6&7&8&5&2&3&4&1\end{pmatrix}$ 代表绕着横贯 $\{1,3,6,8\}$ 和 $\{2,4,5,7\}$ 这两个面的直线作轴旋转 $90°$ 这个对称, 虽然它是立方体的对称, 却不是画了横直彩色线的立方体的对称(图 3.10). 请读者选出那一个合用的子群, 它的元是全部画了横直彩色线的立方体的对称, 然后根据这些元的圈分解表示计算轨的数目, 你将会发现答案是 12 个不同的花式(见第一章第 1.2 节). 一般而言, 如果有 m 种油漆, 答案是 $(m^6+3m^4+8m^2)/12$. 你把两个答案比较

一下,便知道除了 $m=1$ 的情况外,涂彩色线得来的花式总比涂整个面得来的花式为多,而且当 m 越大时,前者越接近后者的一倍. 当 $m = 20$ 时,前者是 5 373 600,后者是 2 690 800;当 $m = 50$ 时,前者是 1 303 647 500,后者是651 886 250.

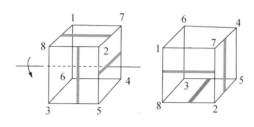

图 3.10

以上几个例子说明了怎样利用上述的一般架构去解决问题,不过我们也不要把这架构和公式视作万应灵丹,有很多场合它是硬套不上的. 主要原因是 S 不一定囊括从 C 到 R 的映射,它可能只是某一部分从 C 到 R 的映射的集合. 就取第一章第 1.1 节的问题为例:把一个黑球、一个红球、四个白球用棒连成一个正六边形,球在端点,共有多少个不同的构形呢? 适合的群是 D_6,$C = \{1, 2, 3, 4, 5, 6\}$,$R = \{白,黑,红\}$,但 S 并不是全部从 C 到 R 的映射组成的集合,它只包括那些映像是一个黑、一个红、四个白的映射. 我们只好回到伯氏引理,直接计算那些 $|X(\pi)|$ 了. 考虑 D_6 的 12 个元,写成圈分解表示,是:

$(1)(2)(3)(4)(5)(6),$　　$(1,6,5,4,3,2,),$

$(1,5,3)(2,6,4),$　　$(1,4)(2,5)(3,6),$

$(1,3,5)(2,4,6),$　　$(1,2,3,4,5,6),$

$(1)(4)(2,6)(3,5),$　　$(1,2)(3,6)(4,5),$

$(2)(5)(1,3)(4,6),$　　$(1,4)(2,3)(5,6),$

$(3)(6)(1,5)(2,4),$　　$(1,6)(2,5)(3,4).$

对头一个元,在任何四个端点放白球,余下两个端点任意一个放黑球和一个放红球,得来的摆法经这个元的作用是不变,反之亦然,因此对这个元来说,$|X(\pi)| = 2 \times \binom{6}{4} = 2 \times 15 = 30$. 对第 7 个元,在点 2、点 6、点 3 和点 5 放白球,余下两个端点任意一个放黑球和一个放红球,得来的摆法经这个元的作用是不变,反之亦然,因此对这个元来说,$|X(\pi)| = 2$. 对第 9 个元和第 11 个元,计算也是一样. 至于其他的元,经它的作用任何摆法总会给变更,所以 $|X(\pi)| = 0$. 根据伯氏引理的公式,轨的个数是 $(30+2+2+2)/12 = 3$,也就是说,不同的构形共有 3 个. 读者可以自行计算正八面体和三棱柱体的情况(见第一章第 1.1 节),答案分别是 $(30 + 9 \times 2)/24 = 2$ 和 $30/6 = 5$. 你或许会问:"如果换了是两个黑球、两个白球、两个红球,岂不是又得从头推敲吗? 而且不同的情况影响了 $|X(\pi)|$ 的计算,每次得费神. 有没有一个通用的方法呢?"有的,这就是本书的主题——波利亚计数

理论,在第四章我们会展开讨论.

再多看一个例子,把立方体的六个面各涂上一种不同的颜色,又正好有六种颜色,红、橙、黄、绿、青、蓝,共有多少个不同的花式呢?适合的群是立方体的对称群,有 24 个元.由于每个面涂上不同的颜色,除单位元外,任何元作用于立方体都变更涂了色的样子;对单位元来说,却不变更全部 6!=720 个涂了色的样子当中任何一个.因此,不同的花式共有 720/24=30 个.如果换了规定,四个面不同颜色,是红、橙、黄、绿,两个面都是蓝色,计算便不相同了.除单位元外,任何元作用于立方体还是要变更涂了色的样子;对单位元来说,全部涂了色的样子都没一个给变更,但这次全部涂了色的样子只有 $\binom{6}{2} \times 4! = 360$ 个,所以不同的花式共有 360/24=15 个.有兴趣的读者不妨自己拟定关于涂色的限制条件,逐个情况计算.虽然这番工夫颇耗时,但它却会使你更欣赏下面要介绍的波利亚计数理论.

作为这一节的结束,让我提出一个有趣的问题,读者可以作为练习去解答.在硬卡纸片上写下一个三位数字,为了一致,我们同意把 0 写成 000,把 1 写成 001,把 2 写成 002……把 43 写成 043……现在问:顶多写多少张硬卡纸片(只写一面)便能用它们去展示从 0 至 999 这一千个数目呢?答案并不是 1000,而是 945.如果你习惯使用袖珍电子计算器,看惯那些以液晶体显示的数字的话,你甚至会得出一个更小的答案,是 846. 你愿试试吗?

§3.5 空间的有限旋转群

在第二章第 2.2 节里我们介绍了平面或者空间里的对称,这节要讨论的是有限多个对称组成的群是一个什么模样. 我们不考虑平移,所以全部对称都有一公共不动点,叫它作原点. 要认真讨论这些对称,读者其实需要具备初等线性代数知识,更具体地,是正交矩阵与正交群的知识,但为了不把叙述岔开得太远,容许我提出以下两个事实作出发点,却不加以证明了:

(1)能在平面上实施的对称,必是绕着原点的旋转.

(2)能在空间里实施的对称,必是以通过原点的某条直线作轴的旋转.

先看平面的有限旋转群 G,不妨假定 $|G| \neq 1$. 它的每个元 π 是绕着原点逆时针方向旋转 θ,记作 $A(\theta)$. 如果 $A(\theta_1)$ 和 $A(\theta_2)$ 是 G 的元,它们的乘积是 $A(\theta_1+\theta_2)$. 取最小的那个 θ,记作 θ_0,那么任何 $A(\theta)$ 都必定是 $A(\theta_0)$ 自乘若干次. 这是因为 $\theta=t\theta_0+\varphi$,其中 t 是整数,φ 是 0 或者在 0 和 θ_0 之间,所以 $A(\theta)=A(\theta_0)^t A(\varphi)$,即 $A(\varphi)=A(\theta_0)^{-t}A(\theta)$. 右边是一个 G 中的元,所以 $A(\varphi)$ 也是 G 中的元,从 θ_0 的选择得悉 θ 只能是 0,从而 $A(\theta)=A(\theta_0)^t$. 结论是:G 是个有限循环群,结构与 Z_N 相同,$N\theta=360°$,它可以看作一个正

N 边形的旋转对称群(不准翻转).

现在看空间的有限旋转对称群 G,也不妨假定 $|G|\neq 1$. 它的每个元 π 是绕着某条通过原点的直线作轴旋转,这条轴与以原点为中心的单位圆球面相交于两点,叫作 π 的极点.除去单位元不计,别的元都有两个极点,这两个极点也是对 π 来说在单位圆球面上唯一的两个不动点.设 π_1 和 π_2 是 G 中元,而 x 是 π_1 的一个极点,那么 $\pi_2(x)$ 是 G 中元 $\pi_2\pi_1\pi_2^{-1}$ 的极点,因为 $\pi_2\pi_1\pi_2^{-1}(\pi_2(x))=\pi_2(x)$,而且 $\pi_2(x)$ 也是在单位圆球面上.考虑全部极点组成的集 S,对 S 中元 x 和 G 中元 π,规定 $\pi*x=\pi(x)$,这定义了 G 在 S 上的一个作用.让我们计算在这个作用下 S 有多少个轨.设有 r 个轨,根据伯氏引理,$r|G|=\sum|X(\pi)|$,求和式中 π 走遍 G 中元.如果 π 是单位元,$|X(\pi)|=|S|$;如果 π 不是单位元,$|X(\pi)|=2$.因此,$r|G|=2(|G|-1)+|S|=2(|G|-1)+\sum|G(x)|$,求和式中 x 走遍 r 个轨的代表元.记得 $|G(x)|=|G|/|G_x|$,G_x 是稳定子群,因此得到

$$r=2(1-1/|G|)+\sum 1/|G_x|,$$

即

$$\sum(1-1/|G_x|)=2(1-1/|G|) \quad (*)$$

求和式中 x 走遍 r 个轨的代表元.注意到 $1\leqslant 2(1-1/|G|)<2$ 和 $1/2\leqslant 1-1/|G_x|<1$,前者是因为 $|G|\geqslant 2$,后者是因为 $|G_x|\geqslant 2$(除单位元外还有另一个元以 x 为极点).由此可

以推断式（＊）的左边求和式只能有 2 或 3 项，即 $r=2$ 或 3，S 只有 2 个轨或 3 个轨. 让我们逐个情况考虑，设 $r=2$，代入式（＊）有 $2=|G(x_1)|+|G(x_2)|$，所以 $|G(x_1)|=|G(x_2)|=1$. 即只有两个极点，各自成一个轨，所以全部旋转都是绕着一条通过原点的公共轨. 群的元把垂直于那条轴又通过原点的平面旋转，前面说过，这是个循环群. G 可以看作一个底是正多边形的棱锥的旋转对称群. 其次，设 $r=3$，代入式（＊）有 $1+2/|G|=1/|G_x|+1/|G_y|+1/|G_z|$. 那三个 $|G_x|,|G_y|,|G_z|$ 都不小于 2，但又不能全部大于 2，所以至少有一个是 2，不妨置 $|G_x|=2$. 于是 $1/2+2/|G|=1/|G_y|+1/|G_z|$. $|G_y|$ 和 $|G_z|$ 中至少有一个不大于 3，不妨置 $|G_y|=2$ 或 3，那么 $|G_z|$ 不能大于 5. 总的说来，只有下列四种情况：(a) $|G_x|=|G_y|=2$，$|G_z|=n(n$ 大于 1)，(b) $|G_x|=2$，$|G_y|=3$，$|G_z|=3$，(c) $|G_x|=2$，$|G_y|=3$，$|G_z|=4$，(d) $|G_x|=2$，$|G_y|=3$，$|G_z|=5$. 经仔细计算，每种情况都能精确地给描述出来，在这里我不详细写下计算了，有兴趣的读者可试自行补足细节. 在情况 (a)，$|G|=2n$，三个轨分别有 n 个点、n 个点和 2 个点，其中一个轨的 n 个点正好是一个正 n 边形的端点，垂直于另一个轨的 2 个点连成的直线. G 可以看作一个正 n 边形在空间的旋转对称群，即二面体群 D_n（图 3.11）. 在情况 (b)，$|G|=12$，三个轨分别有 4 个点、4 个点和 6 个点，其中一个轨的 4 个点正好是一个正四面体的端点. G 可以看作一个正四面体的旋转对称群（图 3.12）. 在情况 (c)，$|G|=24$，三个轨分别有 6 个点、

8个点和12个点,其中一个轨的6个点正好是一个正八面体的端点. G 可以看作一个正八面体的旋

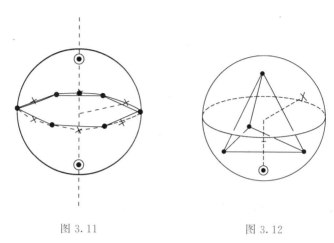

图 3.11   图 3.12

转对称群(图 3.13). 在情况(d),$|G|=60$,三个轨分别有 12个点、20个点和30个点,其中一个轨的12个点正好是一个正二十面体的端点. G 可以看作一个正二十面体的旋转对称群(图 3.14).

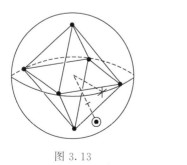

图 3.13

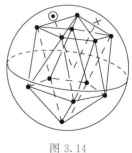

图 3.14

在这个例子里,读者看到一件奇妙的事. 有限个旋转组成一个群,看似限制不多,结果凭着伯氏引理数一数,竟然发现它只能是几个熟悉的几何形体的旋转对称群! 从这一点我们再一次体验到群和几何对称之间的关系.

四　波利亚计数定理

§4.1　怎样推广伯氏引理至波利亚计数定理?

第三章第 3.4 节将近结束前提到一个亟须解决的问题,即满足某些规定条件的构形计数问题.一个典型的例子是:把 e_1 个黑球、e_2 个红球和 e_3 个白球($e_1+e_2+e_3=6$)用棒连成一个正六边形,球在端点,共有多少个不同的构形呢? 固然,只要定了 e_1,e_2,e_3 的值,利用伯氏引理我们懂得计算答案;走遍 e_1,e_2,e_3 的取值范围,便得出全部答案了.但这样做挺费时,而且在计算全部 28 个情况的过程中,你会有种感觉,有部分计算是不必每次从头做起的.是否有更好的计算方法呢?

让我们重温一下伯氏引理的证明(见第三章第 3.3 节),为了做好推广的准备工作,我把证明的形式略作修改,多用了一点符号.也为了易于对比,我把 G 中元 g 和 S 中

元 s 分别换记作 π 和 f. 设 $\mathscr{S}$ 是全部满足 $\pi * f = f$ 的有序偶 (π, f) 组成的集, 我们将用两种不同的看法计算 $|\mathscr{S}| = \sum 1$, 求和式中走遍 $\mathscr{S}$ 中元 (π, f). 首先, $|\mathscr{S}| = \sum (\sum 1)$, 外面的求和式中 π 走遍 G 中元, 里面的求和式是选定了 G 中元 π 后走遍 $\mathscr{S}$ 中元 (π, f); 因此, $|\mathscr{S}| = \sum |X(\pi)|$, 求和式中 π 走遍 G 中元. 其次, $|\mathscr{S}| = \sum (\sum 1)$, 外面的求和式中 f 走遍 S 中元, 里面的求和式是选定了 S 中元 f 后走遍 $\mathscr{S}$ 中元 (π, f); 因此, $|\mathscr{S}| = \sum |G_f|$, 求和式中 f 走遍 S 中元. 由于 $|G_f| = |G| / |G(f)|$, 后一个式可改写成 $|G| \sum 1 / |G(f)|$, 求和式中 f 走遍 S 中元. 最关键的一步观察, 就是留意到每个轨里的 f 提供的项合起来刚好是 1, 所以 $\sum 1 / |G(f)|$ 正好是轨的个数. 因此, 轨的个数是 $\sum |X(\pi)| / |G|$, 求和式中 π 走遍 G 中元.

按照上述思路, 我们首先得决定怎样表述要计算的答案. 上述计算只数了轨的个数, 可没理会更细致的划分. 比方开首那个例子, 我们在第三章第 3.4 节里已经计算过, 共有 92 个轨, 每个轨即一个构形. 但在那个计算中, 我们没办法知悉有多少个构形包含六个黑球, 或者有多少个构形包含三个黑球、两个红球和一个白球. 要作这样细致的记录,我们引入权的概念. 可以这么说, 权是一种记录的方法, 但在数学上, 好的记法往往带来意想不到的方便, 以下的计算将会显示这一点. 比方 (红白黑白白白) 这个摆法 [图 4.1(a)], 我们把它写作 (黑)^1(红)^1(白)^4, 叫作它的权. 显然, 经过对称群的作用, 同一个轨里面的摆法有相同的权. 但应注意, 不同的轨里面的摆法, 也可能有相同的权, 例如 (红黑白白白白) 的权也是 (黑)^1(红)^1(白)^4, 但后者却不能由前者经对称群的作用得来 [图 4.1(b)]. 规定颜色球数目后的构形计数问题, 相当于给定某个权, 数数有多少个轨有这样的权, 举一个例子, 考虑 (黑)^1(红)^1(白)^4, 共有 3 个轨, 刚才已举了两个, 剩下的一个包含 (红白白黑白白) 这个摆法 [图 4.1(c)]. 相信读者已经晓得计算目标是什么吧? 容许我把它写得抽象一点, 以便建立一个较广泛的架构. 沿用第三章第 3.4 节开首引入的表述方式, S 的元是从 $C = \{1, \cdots, N\}$ 到 $R = \{r_1, \cdots, r_m\}$ 的映射, 记作 f. 如果 f 把 e_1 个 C 的元对应于 r_1, e_2 个 C 的元对应于 r_2, $\cdots$, e_m 个 C 的元对应于 r_m ($e_1 + \cdots + e_m = N$), 那么 $W(f) = r_1^{e_1} \cdots r_m^{e_m}$ 叫作 f 的权. 同一个轨里面的元有相同的权, 我们也把它叫作这个轨的权. 从每个轨里选一个代表元 f, 把这些 f 的权加起来, 再把相同的项合并, 便得到 $I(r_1, \cdots, r_m) = \sum W(f) = \sum p_i W_i$, 叫作构形计数记录. (有些书本的叙述采用级数形式表达,也把构形计数记录叫作构形计数级数,请看第五章第 5.3 节.)这里 W_i 表示全部出现的权,有 p_i 个轨的权是 W_i.

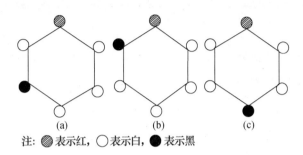

注: ◍ 表示红,◯ 表示白,● 表示黑

图 4.1

仿效伯氏引理的证明,设 $\mathscr{S}$ 是全部满足 $\pi * f = f$ 的有序偶 (π, f) 组成的集,考虑

$$|G| \, I(r_1, \cdots, r_m) = |G| \sum W(f)$$
$$= |G| \sum \frac{1}{|G(f)|} W(f),$$

前一个求和式中 f 只走遍 S 的轨,每个轨里选一个 f 作代表;后一个求和式中 f 走遍 S 中元. 最右边的式还可以继续化简成

$$\sum \frac{|G|}{|G(f)|} W(f) = \sum |G_f| W(f)$$
$$= \sum \left(\sum W(f) \right),$$

外面的求和式中 f 走遍 S 中元,里面的求和式是选定了 S 中元 f 后走遍 $\mathscr{S}$ 中元 (π, f). 把求和步骤调换了,便得到

$$|G|I(r_1,\cdots,r_m) = \sum\left(\sum W(f)\right),$$

外面的求和式中 π 走遍 G 中元,里面的求和式是选定了 G 中元 π 后走遍 $\mathscr{S}$ 中元 (π,f). 剩下来的工夫就是计算里面那个求和式.

设 π 的圈分解包含 $l_1(\pi)$ 个圈长是 1 的圈(不动点), $l_2(\pi)$ 个圈长是 2 的圈(对换), $l_3(\pi)$ 个圈长是 3 的圈,……, $l_N(\pi)$ 个圈长是 N 的圈. 注意, $l_1(\pi)+\cdots+l_N(\pi)=l(\pi)$,就是 π 的圈分解里的圈的个数. 设 f 满足 $\pi * f=f$,那么 $W(f)$ 是什么样子呢? 在 $l_1(\pi)$ 个点上, f 可以分别取任意值; $2l_2(\pi)$ 个点上, f 在每一对点上可以分别取任意值;在 $3l_3(\pi)$ 个点上, f 在每一组三个点上可以分别取任意值;…;在 $Nl_N(\pi)$ 个点上, f 在全部 N 点上取任意但相同的值. 比方 $\pi=(2)(1,5)(3,4,6)$ 而 $C=\{a,b,c\}$,那么 f 可以取值 $f(2)=a$、$f(1)=f(5)=a$、$f(3)=f(4)=f(6)=b$, 所以 $W(f)=(a)(aa)(bbb)=a^3b^3$; f 也可以取值 $f(2)=c$、 $f(1)=f(5)=b$、$f(3)=f(4)=f(6)=a$,所以 $W(f)=$ $(c)(bb)(aaa)=a^3b^2c$. 也只有这种样子的 f,才能满足 $\pi *$ $f=f$. 一般而言,

$$W(f) = (\underbrace{r_* \cdots r_*}_{l_1(\pi)\text{个}})(\underbrace{r_*^2 \cdots r_*^2}_{l_2(\pi)\text{个}})\cdots(\underbrace{r_*^N \cdots r_*^N}_{l_N(\pi)\text{个}})$$

这里出现的 r_* 代表 $\{r_1,\cdots,r_m\}$ 中的元,容许重复. 因此,在上一段的求和式中,

$$\sum W(f) = (r_1 + \cdots + r_m)^{l_1(\pi)} (r_1^2 + \cdots + r_m^2)^{l_2(\pi)} \cdots$$
$$(r_1^N + \cdots + r_m^N)^{l_N(\pi)},$$

从而

$$I(r_1,\cdots,r_m) = \frac{1}{|G|} \sum (r_1 + \cdots + r_m)^{l_1(\pi)} \cdots$$
$$(r_1^N + \cdots + r_m^N)^{l_N(\pi)},$$

求和式中 π 走遍 G 中元.

让我们定义群 G 的圈指标(cycle index)作

$$Z_G(x_1,\cdots,x_N) = \frac{1}{|G|} \sum x_1^{l_1(\pi)} \cdots x_N^{l_N(\pi)},$$

求和式中 π 走遍 G 中元.于是,上述计算导致下面的重要公式,通常被称作"波利亚计数定理":

$$I(r_1,\cdots,r_m) = Z_G(r_1 + \cdots + r_m, r_1^2 + \cdots + r_m^2,\cdots,$$
$$r_1^N + \cdots + r_m^N).$$

如果你置 $r_1 = \cdots = r_m = 1$,那么全部 f 的权都化为 1,构形计数记录也随之化为轨的个数.代入上面的公式,轨的个数等于

$$Z_G(m,m,\cdots,m) = \frac{1}{|G|} \sum m^{l_1(\pi)} m^{l_2(\pi)} \cdots m^{l_N(\pi)}$$
$$= \frac{1}{|G|} \sum m^{l_1(\pi)+l_2(\pi)+\cdots+l_N(\pi)}$$
$$= \frac{1}{|G|} \sum m^{l(\pi)}$$

$$= \frac{1}{|G|} \sum |R|^{l(\pi)},$$

那不就是第三章第 3.4 节开首出现的伯氏引理的一个形式吗?

让我仍然以本章开首的问题为例去说明怎样运用波利亚计数定理. 如果你已经计算了 D_6 的 12 个元的圈分解(见第三章第 3.4 节),便知道 D_6 的圈指标是

$$(x_1^6 + 4x_2^3 + 2x_3^2 + 3x_1^2 x_2^2 + 2x_6)/12.$$

把黑球(以 a 代表)、红球(以 b 代表)或白球(以 c 代表)放在正六边形的端点上,得出多少种构形? 每种有多少个? 按照公式,这个问题的构形计数记录是:

$$I(a,b,c) = [(a+b+c)^6 + 4(a^2+b^2+c^2)^3 +$$
$$2(a^3+b^3+c^3)^2 + 3(a+b+c)^2(a^2+$$
$$b^2+c^2)^2 + 2(a^6+b^6+c^6)]/12.$$

如果你只对包含一个黑球、一个红球和四个白球的构形感兴趣,那你只用察看上面那个多项式展开后 abc^4 的系数是多少,答案是 3. 如果你把多项式完全展开,逐项写出来,便可以知道每种构形的个数. 展开的多项式是

$$a^6 + a^5 b + a^5 c + 3a^4 b^2 + 3a^4 bc + 3a^4 c^2 + 3a^3 b^3 +$$
$$6a^3 b^2 c + 6a^3 bc^2 + 3a^3 c^3 + 3a^2 b^4 + 6a^2 b^3 c +$$
$$11a^2 b^2 c^2 + 6a^2 bc^3 + 3a^2 c^4 + ab^5 + 3ab^4 c +$$
$$6ab^3 c^2 + 6ab^2 c^3 + 3abc^4 + ac^5 + b^6 + b^5 c +$$

$$3b^4c^2 + 3b^3c^3 + 3b^2c^4 + bc^5 + c^6.$$

那就是说,有 1 个构形包含六个黑球、1 个构形包含五个黑球和一个红球、1 个构形包含五个黑球和一个白球、3 个构形包含四个黑球和两个红球……把上面那个多项式完全展开,凭手算可是不容易的事情,但那毕竟只是机械化操作,读者不应该被这种虽繁复枯燥却直截了当的计算引开了注意力而忽略了这道计算 $I(r_1,\cdots,r_m)$ 的公式的优美之处!应该注意的是群(对称)、权(记录)和多项式(计算)三者之间的有机结合,为一大类问题提供了有效巧妙的解决办法.

　　波利亚计数定理得名由来,是由于它出现在原籍匈牙利的美国数学家 G. 波利亚(G. Pólya)的一篇论文里. 这篇长达 110 页的论文,题为"关于群、图与化学化合物的组合计数方法"〔Kombinatorische Anzahlbestimmungen für Gruppen,Graphen und Chemische Verbindungen. Acta Mathematica,1937(68):145-254〕,它有个特点,是全篇文章只围绕一条中心定理发挥,波利亚把这条定理叫"主要定理"(Hauptsatz),就是上面的波利亚计数定理了. 从这条定理衍生出来的各种应用,竟填满了 110 页的篇幅! 而且,时至今日,过了半个多世纪后,这条公式还是广泛地用到各种计数问题上,波利亚计数理论也就成为组合数学里的一件极有力的工具,进入了通常的组合数学课程范围内. 有兴趣的读者,可以参看 R. C. 瑞德(R. C. Read)编著的《关于群、图与化学化合物的组合计数方法》(*Combinatorial enumeration of groups, graphs, and chemical compounds*. New York: Springer-Verlag, 1987) 附录一章. 这本书的头一部分就是上面提到那篇波利亚经典之作的英译本, 欲读第一手资料(而又不谙德文者)的读者不要错过.

不过, 其实波利亚并不是头一位提出这套出色理论的数学家! 第一位提出这套理论的人, 是一位在当时籍籍无名的美国工程师 J. H. 列尔菲尔(J. H. Redfield), 他只发表了一篇论文, 题为 "群化分布的理论"(*The theory of group-reduced distribution*. American Journal of Mathematics. 1927(49):433-455). 文章讨论对象是某种矩阵, 列尔菲尔解决了这些矩阵的计数问题. 为此他引入了 "群化函数", 这正是 10 年后波利亚独立提出的 "圈指标". 由于列尔菲尔采用的数学名词不普遍, 当时没有什么人注意到这篇重要文章内涵的优美思想. 即使 10 年以后波利亚的文章发表了, 仍然没有人把这两篇文章连上关系! 在别的数学场合, 列尔菲尔的文章也受到忽略, 几乎完全没有被别人引用. 自从 1940 年英国群论专家 D. E. 李特伍德(D. E. Littlewood)在他的著作《群特征标理论》里面提过列尔菲尔这项工作后, 又整整过了 20 年美国图论专家 F. 哈拉利(F. Harary)才把列尔菲尔这篇独特之作发掘出来! 英国组合学专家 E. K. 罗伊德(E. K. Lloyd)对这段历史很感兴趣,特地在1976年与列尔菲尔的家人联络上了(列尔菲尔本人早于 1944 年逝世),并从列尔菲尔的女儿手中获得一份她父亲的遗稿.这份文稿约于 1940 年写成,当时曾被投到《美国数学学报》,但没给发表退了回来.罗伊德把这篇文章寄给《图论学报》(*Journal of graph theory*),结果 1984 年第 8 期《图论学报》成为列尔菲尔纪念专辑,并且发表了这篇写成于将近半个世纪前的论文! 有兴趣的读者可以参阅:E. K. Lloyd. Redfield's papers and their relevance to counting isomers and isomerizations. Discrete Applied Mathematics,1988(19):289-304. 有些书本把波利亚计数定理叫作波利亚-列尔菲尔定理,是有道理的;但在这本书里,让我仍沿用旧称,只要大家不忘记列尔菲尔的功劳就是了.

§4.2 波利亚计数定理的应用

让我再一次回到立方体涂色问题(见第三章第 3.4 节近结束前的例子):把立方体的六个面涂上油漆,或涂红色,或涂绿色,共有多少个不同的花式呢? 我们已经计算过,共有 10 个,但当时并没有计算每种涂色花式有多少个.考虑的群是 S_6 里的一个 24 阶子群,在第三章第 3.4 节里我们已经把它的元的圈分解全部写了出来,由此可以写下这个群的圈指标,是 $(x_1^6 + 6x_1^2 x_4 + 3x_1^2 x_2^2 + 6x_2^3 + 8x_3^2)/24$. 按照波利亚计数定理,这个问题的构形计数记录是

$$I(a,b) = \big[(a+b)^6 + 6(a+b)^2(a^4+b^4) + 3(a+b)^2(a^2+b^2)^2 +$$

$$6(a^2+b^2)^3+8(a^3+b^3)^2]/24$$
$$=a^6+a^5b+2a^4b^2+2a^3b^3+2a^2b^4+ab^5+b^6,$$

a 代表红,b 代表绿.六面涂红色的有一个花式、五面涂红色的有一个花式、四面涂红色的有两个花式、三面涂红色的有两个花式、两面涂红色的有两个花式、一面涂红色的有一个花式、没有一面涂红色的有一个花式,合起来共有 10 个花式.如果用逐面相隔的横直彩色线代替整面涂色,那么考虑的群缩小了,是 S_6 里的一个 12 阶子群,只占刚才那个群的一半元,它的圈指标是 $(x_1^6+3x_1^2x_2^2+8x_3^2)/12$,于是构形计数记录是

$$I(a,b)=[(a+b)^6+3(a+b)^2(a^2+b^2)^2+$$
$$8(a^3+b^3)^2]/12$$
$$=a^6+a^5b+2a^4b^2+4a^3b^3+2a^2b^4+ab^5+b^6,$$

六面画红线的有一个花式、五面画红线的有一个花式、四面画红线的有两个花式、三面画红线的有四个花式、两面画红线的有两个花式、一面画红线的有一个花式、没有一面画红线的有一个花式,合起来共有 12 个花式.这个计算也清楚地显示了那多出的两个花式怎样产生,它们都有三面红线和三面绿线(图 4.2).

第二个例子是第一章第 1.1 节和第 1.3 节的问题:如果苯的结构中六个碳原子排成一个正六边形,当两个氢原子

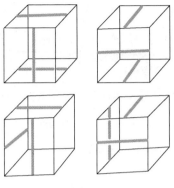

图 4.2

（以 c 代表）各给换成两个基（以 a 和 b 代表），有多少个同分异构体呢？如果苯的结构中六个碳原子排成一个三棱柱体，答案有没有不同？头一个情况涉及的群是 D_6，它的圈指标是 $(x_1^6 + 4x_2^3 + 2x_3^2 + 3x_1^2 x_2^2 + 2x_6)/12$，从而得出构形计数记录是

$$I(a,b,c) = [(a+b+c)^6 + 4(a^2+b^2+c^2)^3 + 2(a^3 + b^3 + c^3)^2 + 3(a+b+c)^2(a^2+b^2+c^2)^2 + 2(a^6+b^6+c^6)]/12,$$

在上一节里我们已经计算了，abc^4 的系数是 3。第二个情况涉及的群是 S_6 里的一个 6 阶子群，圈指标是 $(x_1^6 + 3x_2^3 + 2x_3^2)/6$，从而得出构形计数记录是

$$I(a,b,c) = [(a+b+c)^6 + 3(a^2+b^2+c^2)^3 +$$

$$2(a^3 + b^3 + c^3)^2]/6,$$

abc^4 这一项的系数是 5. 如果读者还未感到筋疲力尽的话，大可计算正八面体的情况，验证一下 abc^4 在那个构形计数记录中的系数是不是 2.

第三个例子是第一章第 1.4 节的开关电路问题：如果容许调换输入，需要多少个开关电路便可以实现全部开关电路呢？先看最简单的情况，只有两个输入和一个输出，S 的元是定义在全部四个二元有序偶 (z_1, z_2) 上的函数，取值 0（以 y 代表）或 1（以 x 代表）. 应该考虑的群是调换输入后导致的置换群，它是 S_4 里的一个 2 阶子群. 如果我们以 0 代 $(0,0)$、1 代 $(0,1)$、2 代 $(1,0)$ 和 3 代 $(1,1)$，那么不调换输入导致的群元就是 $\begin{pmatrix} 0 & 1 & 2 & 3 \\ 0 & 1 & 2 & 3 \end{pmatrix}$，输入经对换后［从 (z_1, z_2) 变成 (z_2, z_1)］导致的群元就是 $\begin{pmatrix} 0 & 1 & 2 & 3 \\ 0 & 2 & 1 & 3 \end{pmatrix}$. 这个二元群作用在 S 上得来的轨，便是起码应具备的二元函数类，也即起码需要设计的开关电路了. 这个群的圈指标是 $(x_1^4 + x_1^2 x_2)/2$，构形计数记录是

$$I(y,x) = [(y+x)^4 + (y+x)^2(y^2+x^2)]/2$$
$$= y^4 + 3y^3 x + 4y^2 x^2 + 3yx^3 + x^4,$$

意思是说，不取值 1 的函数类有一个、取值 1 一次的函数类有三个、取值 1 两次的函数类有四个、取值 1 三次的函数类

有三个、取值 1 四次的函数类有一个,合起来共有 12 个(图 4.3).如果开关电路有三个输入和一个输出,应该考虑的群比前一个较大,是 S_8 里的一个 6 阶子群,有兴趣的读者可试着计算它的圈指标,应是 $(x_1^8+3x_1^4x_2^2+2x_1^2x_3^2)/6$,所以构形计数记录是

$$I(y,x)=[(y+x)^8+3(y+x)^4(y^2+x^2)^2+$$
$$2(y+x)^2(y^3+x^3)^2]/6$$
$$=y^8+4y^7x+9y^6x^2+16y^5x^3+20y^4x^4+$$
$$16y^3x^5+9y^2x^6+4yx^7+x^8,$$

共需用 80 个二元函数类,其中不取值 1 的函数类有一个、取值 1 一次的函数类有四个、取值 1 两次的函数类有九个……取值 1 八次的函数类有一个(图 4.4).

x_1	x_2	f_0	f_1	f_2	f_4	f_8	f_3	f_5	f_9	f_6	f_{10}	f_{12}	f_7	f_{11}	f_{13}	f_{14}	f_{15}
0	0	0	0	0	0	1	0	0	1	0	1	1	0	1	1	1	1
0	1	0	0	0	1	0	0	1	0	1	0	1	1	0	1	1	1
1	0	0	0	1	0	0	1	0	0	1	1	0	1	1	0	1	1
1	1	0	1	0	0	0	1	1	1	0	0	0	1	1	1	0	1

图 4.3

如果更容许某些输入通过非门,应该考虑的群便更大,需用的二元函数类便更少.举两个输入和一个输出的情况为例,刚才的群有两个元,就是 $\begin{pmatrix} 0\ 1\ 2\ 3 \\ 0\ 1\ 2\ 3 \end{pmatrix}$ 和 $\begin{pmatrix} 0\ 1\ 2\ 3 \\ 0\ 2\ 1\ 3 \end{pmatrix}$,现在

x_1	x_2	x_3	f_0	f_1	f_2	f_4	f_{16}	f_8	f_{64}	f_{32}	f_{128}	f_3	f_5	f_{17}		f_{255}
0	0	0	0	0	0	0	0	0	0	0	1	0	0	0		1
0	0	1	0	0	0	0	0	0	1	0	0	0	0	0		1
0	1	0	0	0	0	0	0	0	1	0	0	0	0	0		1
0	1	1	0	0	0	0	1	0	0	0	0	0	0	1	......	1
1	0	0	0	0	0	0	0	1	0	0	0	0	0	0		1
1	0	1	0	0	0	1	0	0	0	0	0	0	1	0		1
1	1	0	0	0	0	1	0	0	0	0	0	1	0	0		1
1	1	1	0	1	0	0	0	0	0	0	0	1	1	1		1

图 4.4

每个元可以衍生四个元，这是因为 (z_1,z_2) 可以变成 (z_1,z_2)、或 $(\overline{z}_1,z_2)$、或 $(z_1,\overline{z}_2)$、或 $(\overline{z}_1,\overline{z}_2)$，加上横杠表示 0 和 1 的值对换了. 从 $\begin{pmatrix} 0 & 1 & 2 & 3 \\ 0 & 1 & 2 & 3 \end{pmatrix}$ 得来的元是 $\begin{pmatrix} 0 & 1 & 2 & 3 \\ 0 & 1 & 2 & 3 \end{pmatrix}$,

$\begin{pmatrix} 0 & 1 & 2 & 3 \\ 2 & 3 & 0 & 1 \end{pmatrix}$、$\begin{pmatrix} 0 & 1 & 2 & 3 \\ 1 & 0 & 3 & 2 \end{pmatrix}$、$\begin{pmatrix} 0 & 1 & 2 & 3 \\ 3 & 2 & 1 & 0 \end{pmatrix}$; 从 $\begin{pmatrix} 0 & 1 & 2 & 3 \\ 0 & 2 & 1 & 3 \end{pmatrix}$ 得来的元是

$\begin{pmatrix} 0 & 1 & 2 & 3 \\ 0 & 2 & 1 & 3 \end{pmatrix}$、$\begin{pmatrix} 0 & 1 & 2 & 3 \\ 2 & 0 & 3 & 1 \end{pmatrix}$、$\begin{pmatrix} 0 & 1 & 2 & 3 \\ 1 & 3 & 0 & 2 \end{pmatrix}$、$\begin{pmatrix} 0 & 1 & 2 & 3 \\ 3 & 1 & 2 & 0 \end{pmatrix}$. 应该考虑的群是

S_4 里的一个 8 阶子群,它的圈指标是 $(x_1^4 + 3x_2^2 + 2x_1^2 x_2 + 2x_4)/8$,代入波利亚计数公式,构形计数记录是

$$I(y,x) = \big[(y+x)^4 + 3(y^2+x^2)^2 + 2(y+x)^2$$
$$(y^2+x^2) + 2(y^4+x^4)\big]/8$$
$$= y^4 + y^3 x + 2y^2 x^2 + yx^3 + x^4,$$

因此,如果容许调换输入又容许某些输入通过非门的话,我们只用设计 6 个开关电路便能实现全部 16 个开关电路了 (图 4.5). 读者有没有兴趣试一试三个输入和一个输出的

情况呢？你猜需要多少个开关电路便能实现全部 $2^8 = 256$ 个开关电路呢？惯于深究的读者自然会问：N 个输入和一个输出的情况怎样？波利亚早于 1940 年的一篇文章里便提出这个问题，他指出问题相当于以下的构形计数问题：把一个 N 维立方体的 2^N 个端点涂上黑色或白色，共有多少个不同的花式？利用他的计数公式，问题化为计算 N 维立方体的对称群的圈指标．D. 史立派安（D. Slepian）在 1953 年找着一个答案，但目前最有效的算法当推 R. W. 罗宾逊（R. W. Robinson）和 E. M. 巴尔马（E. M. Palmer）在 1969 年发表的理论，见诸：E. M. Palmer. The exponentiation group as the automorphism group of a graph, in"Proof techniques in graph theory", F. Harary（ed.）. New York：Academic Press，1969：125-131.

x_1	x_2	f_0	f_1	f_8	f_4	f_2	f_3	f_{12}	f_5	f_{10}	f_6	f_9	f_7	f_{14}	f_{13}	f_{11}	f_{15}
0	0	0	0	1	0	0	0	1	0	1	0	1	0	1	1	1	1
0	1	0	0	0	1	0	0	1	1	0	1	0	1	1	1	0	1
1	0	0	0	0	0	1	1	0	0	1	1	0	1	1	0	1	1
1	1	0	1	0	0	0	1	0	1	0	0	1	1	0	1	1	1

图 4.5

最后，让我举一个关于图的计数问题来结束本节的讨论．这里我们只讨论单图，即一些点（叫作图的端点）和一些连接某些点的线（叫作图的边）的组合，但两点之间顶多只有一条线连接，也没有线连接同一个点（用图论的术语说，是没有重边或自身圈）．对一个图，我们只对点的邻接关系感兴趣,有线连接的点叫作邻接的点.至于怎样摆放那些点和怎样画那些连接点的线,我们是不关心的.比方下面的两个图,虽然看去样子极不相似,我们却不区分,把它们当作同样的图,更正确的说法,它们是同构的图(图 4.6).现在的问题是:共有多少个互相不同构的 N 个端点的单图?一个端点的单图只有一个,两个端点的单图有两个,三个端点的单图有四个,这都不难看得出来,但端点数目增大,凭手画画数数便很困难了!

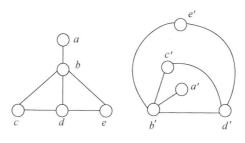

图 4.6

让我们先把单图计数问题纳入第三章第 3.4 节的架构.把每个端点标号,设为 $a_1,\cdots,a_N$,每个无序偶 $\{a_i,a_j\}$ 表示一对端点,或有线连接,或无线连接.如果有线连接,我们定义函数值 $f(\{a_i,a_j\})=x$;如果没有线连接,我们定义函数值 $f(\{a_i,a_j\})=y$.于是一个有标号端点的图相应于一个从 $C=\{1,2,\cdots,N(N-1)/2\}$ 到 $\{x,y\}$ 的函数.下一个问题是:同构的图应该如何从这些有标号端点的图进行分类得来呢?两个图同构,相当于把图的有标号端点调换次序后,不变更邻接关系.应该考虑的群,是从端点的置换导致的边的置换群,让我举 $N=3$ 为例作说明.三个端点的置换组成 S_3,它的六个元是

$$\begin{pmatrix} a_1 & a_2 & a_3 \\ a_1 & a_2 & a_3 \end{pmatrix}, \begin{pmatrix} a_1 & a_2 & a_3 \\ a_1 & a_3 & a_2 \end{pmatrix}, \begin{pmatrix} a_1 & a_2 & a_3 \\ a_2 & a_1 & a_3 \end{pmatrix},$$

$$\begin{pmatrix} a_1 & a_2 & a_3 \\ a_2 & a_3 & a_1 \end{pmatrix}, \begin{pmatrix} a_1 & a_2 & a_3 \\ a_3 & a_1 & a_2 \end{pmatrix}, \begin{pmatrix} a_1 & a_2 & a_3 \\ a_3 & a_2 & a_1 \end{pmatrix}.$$

从三个端点得出的无序偶有三个,就是 $\{a_1,a_2\}$,$\{a_1,a_3\}$ 和 $\{a_2,a_3\}$,为简便起见,分别记作 $1,2,3$.第一个元导致的边的置换是 $\begin{pmatrix} 1 & 2 & 3 \\ 1 & 2 & 3 \end{pmatrix}=(1)(2)(3)$、第二个元导致的边的置换是 $\begin{pmatrix} 1 & 2 & 3 \\ 2 & 1 & 3 \end{pmatrix}=(3)(1,2)$、第三个元导致的边的置换是 $\begin{pmatrix} 1 & 2 & 3 \\ 1 & 3 & 2 \end{pmatrix}=(1)(2,3)$、第四个元导致的边的置换是 $\begin{pmatrix} 1 & 2 & 3 \\ 3 & 1 & 2 \end{pmatrix}=(1,3,2)$,第五个元导致的边的置换是 $\begin{pmatrix} 1 & 2 & 3 \\ 2 & 3 & 1 \end{pmatrix}=(1,2,3)$,第六个元导致的边的置换是 $\begin{pmatrix} 1 & 2 & 3 \\ 3 & 2 & 1 \end{pmatrix}=(2)(1,3)$.端点的置换群的圈指标是 $(x_1^3+3x_1x_2+2x_3)/6$,它导致的边的置换群的圈指标也是 $(x_1^3+3x_1x_2+2x_3)/6$.当然,这是因为从三个端点得出三个无序偶,我们根本无须计算也知道有这样的结果.但

一般而言,端点的置换群的圈指标(S_N 的圈指标)跟它导致的边的置换群的圈指标并不相同,后一个群只是 $S_{N(N-1)/2}$ 里的一个 N! 阶子群.读者可试按照刚才的方法计算 $N=4$ 的情况,端点置换群是 S_4,它的圈指标是 $(x_1^4 + 6x_1^2 x_2 + 8x_1 x_3 + 3x_2^2 + 6x_4)/24$,它导致的边的置换群是 S_6 里的一个 24 阶子群,圈指标是 $(x_1^6 + 6x_1^2 x_2^2 + 8x_3^2 + 3x_1^2 x_2^2 + 6x_2 x_4)/24 = (x_1^6 + 9x_1^2 x_2^2 + 6x_2 x_4 + 8x_3^2)/24$. 要计算三个端点的单图的个数,只须代入波利亚计数公式,构形计数记录是

$$I(x,y) = [(x+y)^3 + 3(x+y)(x^2+y^2) + 2(x^3+y^3)]/6$$
$$= x^3 + x^2 y + xy^2 + y^3,$$

意思是说,共有 4 个三个端点的单图,其中含三条边、两条边、一条边、没有边的各占一个(图 4.7). 要计算四个端点的单图的个数,是依样画葫芦,代入波利亚计算公式,得到构形计数记录

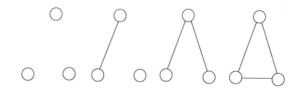

图 4.7

$$I(x,y) = [(x+y)^6 + 9(x+y)^2 (x^2+y^2)^2 +$$
$$6(x^2+y^2)(x^4+y^4) + 8(x^3+y^3)^2]/24$$
$$= x^6 + x^5 y + 2x^4 y^2 + 3x^3 y^3 + 2x^2 y^4 + xy^5 + y^6,$$

共有 11 个单图,其中含六条边的有一个、含五条边的有一个、含四条边的有两个、含三条边的有三个、含两条边的有两个、含一条边的有一个、没有边的有一个(图 4.8).

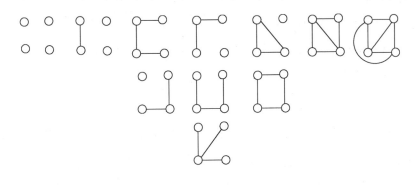

图 4.8

　　惯于深究的读者又会问:N 个端点的单图有多少个?根据波利亚公式,这个问题化为计算从 S_N 导致的边的置换群的圈指标,经仔细分析这条公式是可以写下来的,但公式看起来十分臃肿,在这里我不写出来了.波利亚早意识到他的计数公式足以应付这方面的问题,但他没有发表,只把他的意见告诉哈拉利,哈拉利在 1955 年发表了一篇文章,运用波利亚计数公式解决了好几种图的计数问题.有兴趣的读者,可以参阅哈拉利和巴尔马的专著:F. Harary, E. M. Palmer. Graphical enumeration. New York: Academic Press,1973.

§4.3 伯氏引理的另一种推广

第三章第 3.4 节介绍了一个相当广泛的架构;S 是全部从 $C=\{1,\cdots,N\}$ 到 $R=\{r_1,\cdots,r_m\}$ 的映射 f 组成的集合,G 是 N 次对称群 S_N 里某个子群;对 G 中元 π 与 S 中元 f,规定 $\pi * f$ 是 $f\pi$,这定义了一个 G 在 S 上的作用;伯氏引理让我们计算在这个作用下的轨的个数. 可是,有些问题却需要在这个架构上添加少许花絮才应付得来. 举一个例子:有三只标以 A,B,C 的桶,把两个黑球和一个白球分放在桶里,有多少种不同的放置方法呢? 在第三章第 3.4 节里我们已经计算了一个同类型的问题,球的个数和颜色比这个还多. 应该考虑的群是个二元群,元是 $\begin{pmatrix} 1 & 2 & 3 \\ 1 & 2 & 3 \end{pmatrix}$ 和 $\begin{pmatrix} 1 & 2 & 3 \\ 2 & 1 & 3 \end{pmatrix}$,$R=\{A,B,C\}$. 运用伯氏引理,便知道轨的个数是 $(3^3+3^2)/2=18$,也就是说,共有 18 种不同的放置方法. 如果我们运用波利亚计数定理,知道的就更详尽了,构形计数记录是

$$I(A,B,C)=[(A+B+C)^3+(A+B+C)(A^2+B^2+C^2)]/2$$

$$=A^3+2A^2B+2A^2C+2AB^2+2AC^2+3ABC+B^3+2B^2C+2BC^2+C^3,$$

它显示了球在桶内的分布(图 4.9).假定桶 B 和桶 C 的标签脱掉了,两个桶无从分辨出来,那么共有多少种不同的放置方法呢?察看那 18 种放置方法,我们知道有些放置方

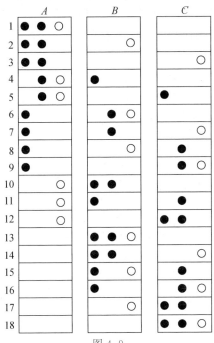

图 4.9

法变成相同的了,例如两个黑球放在桶 A、一个白球放在桶 B,跟两个黑球放在桶 A、一个白球放在桶 C,二者是区分不出的.其实,那 18 种放置方法缩减为 10 种(图 4.10).为什么会有这个不同的答案呢?关键在哪儿?按照伯氏引理的思路,我们会想到除了 G 在集合 C 上的作用带来 G 在集合 S 上的作用以外,还有另一个群 H 在集合 R 上的作用也对

最后集合 S 上的作用产生影响,变更了由此得到的轨.在刚才的问题里,H 是由 $\begin{pmatrix} A & B & C \\ A & B & C \end{pmatrix}$ 和 $\begin{pmatrix} A & B & C \\ A & C & B \end{pmatrix}$ 组成的二元群.希望这个例子为读者提供了一种感性认识,现在让我们开始把它写成精确的数学形式吧.

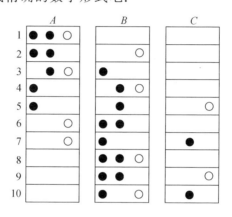

图 4.10

设 G 是 N 次对称群 S_N 的某个子群,H 是 m 次对称群 S_m 的某个子群.(G,H) 是一个这样的群,它的元是有序偶 (α,β),其中 α 是 G 的元,β 是 H 的元;(α,β) 和 (α',β') 的乘积定义作 $(\alpha,\beta)(\alpha',\beta')=(\alpha'\alpha,\beta\beta')$.(请注意,由于乘法定义不同,$(G,H)$ 并不是在第二章第 2.6 节提过的 G 和 H 的直积!)仍设 S 是全部从 $C=\{1,2,\cdots,N\}$ 到 $R=\{r_1,\cdots,r_m\}$ 的映射 f 组成的集合,对 (G,H) 中元 (α,β) 与 S 中元 f,规定 $(\alpha,\beta)*f=\beta f\alpha$,这定义了一个 (G,H) 在 S 上的作用,读者

可以自行验证；我们要计算的是这个作用下的轨的个数．或者回头看看开首的例子，了解一下什么构成这个作用下的轨．取 $G = \left\{ \begin{pmatrix} 1 & 2 & 3 \\ 1 & 2 & 3 \end{pmatrix}, \begin{pmatrix} 1 & 2 & 3 \\ 2 & 1 & 3 \end{pmatrix} \right\}$, $\alpha = \begin{pmatrix} 1 & 2 & 3 \\ 2 & 1 & 3 \end{pmatrix}$; 取 $H = \left\{ \begin{pmatrix} A & B & C \\ A & B & C \end{pmatrix}, \begin{pmatrix} A & B & C \\ A & C & B \end{pmatrix} \right\}$, $\beta = \begin{pmatrix} A & B & C \\ A & C & B \end{pmatrix}$. α 表示 1 和 2 作对换（这点反映了 1 号球和 2 号球同是黑色，分辨不出来），β 表示 B 和 C 作对换（这点反映了桶 B 和桶 C 分辨不出来）．对 $f = \begin{pmatrix} 1 & 2 & 3 \\ A & B & A \end{pmatrix}$, 经 (α, β) 的作用，得到

$$\begin{pmatrix} A & B & C \\ A & C & B \end{pmatrix} \begin{pmatrix} 1 & 2 & 3 \\ A & B & A \end{pmatrix} \begin{pmatrix} 1 & 2 & 3 \\ 2 & 1 & 3 \end{pmatrix} = \begin{pmatrix} 1 & 2 & 3 \\ C & A & A \end{pmatrix}.$$

那就是说：原来的摆法是桶 A 盛 1 号球（黑球）和 3 号球（白球）、桶 B 盛 2 号球（黑球）；把 1 和 2 作对换、B 和 C 作对换，得来的摆法是桶 A 盛 2 号球（黑球）和 3 号球（白球）、桶 C 盛 1 号球（黑球）．这两个摆法，在表面上是区分不出来的，大家都是桶 A 盛一个黑球和白球、另一个桶盛一个黑球、余下的桶没有盛球（图 4.11）．计算这个作用下的轨的个数，等于问：把两个黑球和一个白球分放在桶 A 和另外两只不能分辨的桶，有多少种不同的放置方法呢？答案是 10 个（图 4.10）．有一点要请读者小心，在这个例子里 H 的作用并不相当于把三只桶看成两只桶．如果问题是

把那三个球分放在两只可分辨的桶,答案并不是 10 个,只是 6 个而已(图 4.12). 由于问题是关于球和桶,读者肯定

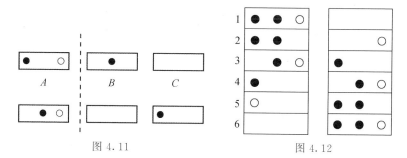

图 4.11

图 4.12

不会混淆上述两回事,但如果我们把同一个问题换一个叙述形式,那大家便得小心了. 比如说,有一个倒转三角形,端点上放置红球、黄球或绿球,如果容许把三角形绕着穿过底点的中线作轴翻转的话,共有多少个不同的花式呢? 读者想一想,便知道这个问题基本上跟上一个例子没有分别,答案自然也是 18 个(图 4.13). 现在,我们增多一项条件,就是容许黄球和绿球调换,那么共有多少个不同的花式呢? 这个问题基本上即上一个例子的后一种情况,答案自然又是 10 个(图 4.14). 但那并不等于说我们不区分黄球和绿球,否则便变成只考虑两种颜色球,答案不是 10 个,只是 6 个而已(图 4.15).

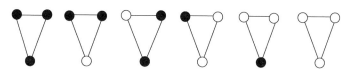

图 4.15

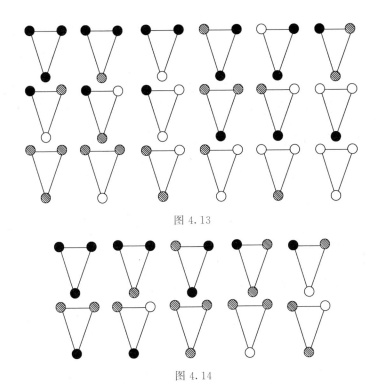

图 4.13

图 4.14

根据伯氏引理,在 (G,H) 作用下 S 的轨的个数等于

$\sum |X(\alpha,\beta)| / |G||H|$,求和式中 (α,β) 走遍 (G,H) 中元.

读者还记得 $X(\alpha,\beta)$ 代表什么吗?它是全部满足 $\beta f\alpha = f$ 的

S 中元 f 组成的集合.剩下来的事情就是仔细分析这样的

f 是什么模样,目标是数数共有多少个这样的 f. 把 β 和 α

分别写成它们的圈分解. α 的逆元 α^{-1} 的圈分解跟 α 的圈分

解有同样款式的圈长分布,即 $l_1(\alpha)=l_1(\alpha^{-1}),\cdots,l_N(\alpha)=$

$l_N(\alpha^{-1})$. 其实只要把 α 的圈逐个倒转过来就是了,比方

$$\alpha = \begin{pmatrix} 1 & 2 & 3 & 4 & 5 & 6 & 7 & 8 & 9 & 10 \\ 3 & 8 & 6 & 9 & 10 & 1 & 4 & 2 & 5 & 7 \end{pmatrix}$$
$$= (1,3,6)(2,8)(4,9,5,10,7),$$

那么

$$\alpha^{-1} = \begin{pmatrix} 3 & 8 & 6 & 9 & 10 & 1 & 4 & 2 & 5 & 7 \\ 1 & 2 & 3 & 4 & 5 & 6 & 7 & 8 & 9 & 10 \end{pmatrix}$$
$$= (6,3,1)(8,2)(7,10,5,9,4).$$

假定 $(a_1,\cdots,a_k)$ 是 α^{-1} 的一个圈,而 $f(a_1)=b_1$, b_1 落在 β 的一个圈 $(b_1,b_2,\cdots,b_l)$ 里. 由于考虑中的 f 满足 $\beta f = f\alpha^{-1}$, 我们只要计算两边在 $a_1,\cdots,a_k$ 取的值便知道 $f(a_1)=b_1$, $f(a_2)=b_2,\cdots$, 而且 k 一定是 l 的倍数. 设 $k=tl$, 那么 $f(a_1)=b_1,\cdots,f(a_l)=b_l$, $f(a_{l+1})=b_1,\cdots,f(a_{2l})=b_l$, $f(a_{2l+1})=b_1,\cdots,f(a_{3l})=b_l,\cdots,f(a_{tl})=b_l$. 就是说,$f$ 把 α^{-1} 里每个圈的元对应到 β 里某个圈的元,而且前一个圈的长是后一个圈的长的倍数,对应的元也就按循环次序重复这个倍数那么多次. 反过来说,这样的 f 满足 $\beta f = f\alpha^{-1}$,落在 $X(\alpha,\beta)$ 里. 举一个例子,设 α^{-1} 有一个圈是 $(1,2,3,4,5,6)$ [α 有一个圈是 $(6,5,4,3,2,1)$],而 β 有一个圈是 (A,B,C), 从这两个圈可以得到满足条件的 f 是

$$\begin{pmatrix} 1 & 2 & 3 & 4 & 5 & 6 \\ A & B & C & A & B & C \end{pmatrix}, \begin{pmatrix} 1 & 2 & 3 & 4 & 5 & 6 \\ B & C & A & B & C & A \end{pmatrix},$$

$$\begin{pmatrix} 1 & 2 & 3 & 4 & 5 & 6 \\ C & A & B & C & A & B \end{pmatrix},$$

如果 β 也有一个圈是 (C,D), 便可以再多得到一些满足条件的 f, 是 $\begin{pmatrix} 1 & 2 & 3 & 4 & 5 & 6 \\ C & D & C & D & C & D \end{pmatrix}, \begin{pmatrix} 1 & 2 & 3 & 4 & 5 & 6 \\ D & C & D & C & D & C \end{pmatrix}$. 总的来说, f 在 $X(\alpha,\beta)$ 的充要条件是: f 把 α^{-1} 的圈分解里每个圈 A 的元对应到 β 的圈分解里圈 B 的元, 其中 B 的长度是 A 的长度的因子, 而且按循环次序作对应. 因此, 只要知道 α^{-1} (或 α) 和 β 的圈分解里的圈长分布, 便能轻易计算 $|X(\alpha,\beta)|$.

设 α 有 $l_k(\alpha)$ 个圈长为 k 的圈, 而 β 有 $l_{j(1)}(\beta)$ 个长为 $j(1)$ 的圈、$l_{j(2)}(\beta)$ 个长为 $j(2)$ 的圈、……, 这里的 $j(1)$, $j(2)$,…走遍 k 的因子. 那么, 对每个 α 的圈分解里长为 k 的圈, 共有 $j(1)l_{j(1)}(\beta) \times j(2)l_{j(2)}(\beta) \times \cdots$ 个不同取值方法, 于是对全部 $l_k(\alpha)$ 个圈便有 $\left(\sum jl_j(\beta) \right)^{l_k(\alpha)}$ 个不同取值方法, 求和式中 j 走遍 k 的因子. 再考虑全部圈, 便知道 $|X(\alpha,\beta)|$ 等于 $\prod \left(\sum jl_j(\beta) \right)^{l_k(\alpha)}$ 了, 这里头一个符号 $\prod$ 表示乘积, k 从 1 走到 N, 而对每个 k, 里面的求和式走遍 k 的因子(但不大于 m). 对初次面对这样的式子的读者, 这个式子也许有点"拒人千里之外"的味道, 让我以本节开首的问题为例作个说明吧. 设 $\alpha = \begin{pmatrix} 1 & 2 & 3 \\ 1 & 2 & 3 \end{pmatrix} = (1)(2)(3)$ 和 $\beta =$

$\begin{pmatrix} A & B & C \\ A & B & C \end{pmatrix} = (A)(B)(C)$，有 $l_1(\alpha)=3, l_2(\alpha)=0, l_3(\alpha)=0$ 和

$l_1(\beta)=3, l_2(\beta)=0, l_3(\beta)=0$. 按照上述计算，$|X(\alpha,\beta)|$ 是

$$[l_1(\beta)]^{l_1(\alpha)}[l_1(\beta)+2l_2(\beta)]^{l_2(\alpha)}[l_1(\beta)+3l_3(\beta)]^{l_3(\alpha)},$$

乘积中后两项都是 1，而头一项是 $3^3=27$. 再设 $\alpha=\begin{pmatrix} 1 & 2 & 3 \\ 1 & 2 & 3 \end{pmatrix}=$

$(1)(2)(3)$ 和 $\beta=\begin{pmatrix} A & B & C \\ A & C & B \end{pmatrix}=(A)(B,C)$，有 $l_1(\alpha)=3, l_2(\alpha)=0$,

$l_3(\alpha)=0$ 和 $l_1(\beta)=1, l_2(\beta)=1, l_3(\beta)=0$，代入上式，得到

$|X(\alpha,\beta)|$ 是 $1^3=1$. 再设 $\alpha=\begin{pmatrix} 1 & 2 & 3 \\ 2 & 1 & 3 \end{pmatrix}=(3)(1,2)$ 和 $\beta=$

$\begin{pmatrix} A & B & C \\ A & B & C \end{pmatrix}=(A)(B)(C)$，有 $l_1(\alpha)=1, l_2(\alpha)=1, l_3(\alpha)=0$ 和

$l_1(\beta)=3, l_2(\beta)=0, l_3(\beta)=0$，代入上式，得到 $|X(\alpha,\beta)|$ 是

$3^1\times3^1=9$. 最后设 $\alpha=\begin{pmatrix} 1 & 2 & 3 \\ 2 & 1 & 3 \end{pmatrix}=(3)(1,2)$ 和 $\beta=\begin{pmatrix} A & B & C \\ A & C & B \end{pmatrix}=$

$(A)(B,C)$，有 $l_1(\alpha)=1, l_2(\alpha)=1, l_3(\alpha)=0$ 和 $l_1(\beta)=1$,

$l_2(\beta)=1, l_3(\beta)=0$，代入上式，得到 $|X(\alpha,\beta)|$ 是 $1^1\times3^1=$

3. 因此，轨的个数等于 $(27+1+9+3)/(2\times2)=10$，即不同的放置方法共有 10 种.

圈指标把整个群里的元的圈分解圈长分布做一个详尽罗列，以上的计算会叫人意会到答案既然与那些 α 和 β 的

圈长分布有关,它应该能用圈指标表达出来. 的确,荷兰数学家 N. G. 德布鲁恩(N. G. de Bruijn)在 1959 年发现了一个这样的公式,当 H 是单元群时,它简化为伯氏引理. 公式中的思想就是以上的计算,这儿就不重复了. 后来德布鲁恩继续把这个思想发挥,写了一篇文章,有兴趣的读者可以参阅:N. G. de Bruijn. A survey of generalizations of Pólya's enumeration theorem. Nieuw Archief voor Wiskunde(2), 1971 XIX:89-112. 波利亚计数定理也有类似的推广,但涉及的计算自然是更繁复了. 在 1965 年哈拉利和巴尔马研究了更一般的情况,他们的理论涵盖了波利亚和德布鲁恩理论的精华,有兴趣的读者可以参阅:F. Harary. E. M. Palmer. The power group enumeration theorem, Journal of Combinatorial Theory,1966(1):157-173. 我们在这本小书里就不叙述这些推广了. 波利亚计数定理还可以从别的角度考虑,从而把它推广. 一个方向是利用组合数学里另一件有力工具——麦比乌斯反演(Möbius inversion)——去计算一般有限群作用下的轨,另一个方向是把波利亚定理纳入群不变量理论的架构,变成是某条定理的特殊情况. 这些结果都远超越了这本小书的讨论范围,我们不叙述了,有兴趣的读者可以参阅:A. Kerber. Enumeration under finite group action:Symmetry classes of mappings,in"Combinatoire énumerative",G. Labelle, P. Leroux (ed.). New

York：Springer-Verlag，1986：160-176；R. Stanley. Invariants of finite groups and their applications to combinatorics. Bulletin（New series）of the American Mathematical Society，1979（1）：475-511.

结束本节（也是本章）之前，让我回到第 4.2 节讨论过的开关电路，运用德布鲁恩的计算方法解决以下的问题. 我们已经找出：如果容许调换输入和容许某些输入通过非门，需要设计多少个开关电路？比方有两个输入和一个输出，答案是 6 个（图 4.5）. 现在我们更容许输出也通过非门，需要多少个开关电路呢？仍然以两个输入和一个输出的情况为例子. 在第 4.2 节里我们已经计算了，应该考虑的群 G 的圈指标是 $(x_1^4 + 3x_2^2 + 2x_1^2 x_2 + 2x_4)/8$. 由于我们容许输出通过非门，需要引入另一个群 H，是个二元群，圈指标是 $(x_1^2 + x_2)/2$. 根据上面的计算（$N=4, m=2$），

$$| X(\alpha,\beta) | = [l_1(\beta)]^{l_1(\alpha)} [l_1(\beta) + 2l_2(\beta)]^{l_2(\alpha)} \cdot$$
$$[l_1(\beta)]^{l_3(\alpha)} [l_1(\beta) + 2l_2(\beta)]^{l_4(\alpha)}.$$

本来要计算 16 项这样的 $|X(\alpha,\beta)|$，但从圈指标中看到，其实只用计算 8 种吧. 当 $\alpha = (\_)(\_)(\_)(\_)$ 和 $\beta = (\_)(\_)$ 时，$l_1(\alpha) = 4$，$l_2(\alpha) = l_3(\alpha) = l_4(\alpha) = 0$ 和 $l_1(\beta) = 2$，$l_2(\beta) = 0$，所以 $|X(\alpha,\beta)| = 2^4 = 16$；当 $\alpha = (\_\_)(\_\_)$ 和 $\beta = (\_)(\_)$ 时，$l_1(\alpha) = 0$，$l_2(\alpha) = 2$，$l_3(\alpha) = l_4(\alpha) = 0$ 和 $l_1(\beta) = 2$、$l_2(\beta) = 0$，所以 $|X(\alpha,\beta)| = 2^2 = 4$；当 $\alpha = (\_)(\_)$

$(\underline{\quad}\ \underline{\quad})$ 和 $\beta=(\underline{\quad})(\underline{\quad})$ 时，$l_1(\alpha)=2$，$l_2(\alpha)=1$，$l_3(\alpha)=l_4(\alpha)=0$ 和 $l_1(\beta)=2$，$l_2(\beta)=0$，所以 $|X(\alpha,\beta)|=2^2\times2^1=8$；当 $\alpha=(\underline{\quad}\ \underline{\quad}\ \underline{\quad})$ 和 $\beta=(\underline{\quad})(\underline{\quad})$ 时，$l_1(\alpha)=l_2(\alpha)=l_3(\alpha)=0$，$l_4(\alpha)=1$ 和 $l_1(\beta)=2$，$l_2(\beta)=0$，所以 $|X(\alpha,\beta)|=2^1=2$. 类似地，当 $\alpha=(\underline{\quad})(\underline{\quad})(\underline{\quad})(\underline{\quad})$ 和 $\beta=(\underline{\quad}\ \underline{\quad})$ 时，$|X(\alpha,\beta)|=0$；当 $\alpha=(\underline{\quad}\ \underline{\quad})(\underline{\quad}\ \underline{\quad})$ 和 $\beta=(\underline{\quad}\ \underline{\quad})$ 时 $|X(\alpha,\beta)|=2^2=4$；当 $\alpha=(\underline{\quad})(\underline{\quad})(\underline{\quad}\ \underline{\quad})$ 和 $\beta=(\underline{\quad}\ \underline{\quad})$ 时，$|X(\alpha,\beta)|=0$；当 $\alpha=(\underline{\quad}\ \underline{\quad}\ \underline{\quad}\ \underline{\quad})$ 和 $\beta=(\underline{\quad}\ \underline{\quad})$ 时，$|X(\alpha,\beta)|=2^1=2$. 把所有项加起来再除以 $|G||H|$，便是轨的个数，等于

$$(16+3\times4+2\times8+2\times2+0+3\times4+$$
$$2\times0+2\times2)/(8\times2)=4,$$

即只用设计 4 个开关电路(图 4.16). 读者愿意试计算三个输入和一个输出的情况吗？

x_1	x_2	f_0	f_{15}	f_1	f_8	f_4	f_2	f_{14}	f_7	f_{11}	f_{13}	f_3	f_{12}	f_5	f_{10}	f_6	f_9
0	0	0	1	0	1	0	0	1	0	1	1	0	1	0	1	0	1
0	1	0	1	0	0	1	0	1	1	0	1	0	1	1	0	1	0
1	0	0	1	0	0	0	1	1	1	1	0	1	0	0	1	1	0
1	1	0	1	1	0	0	0	0	1	1	1	1	0	1	0	0	1

图 4.16

五 同分异构体的计数

§5.1 引 言

波利亚的经典之作题目里包括"化学化合物"这个字眼,其实他发表这篇长文前两年已经陆续发表了几篇短文,都是关于化学上同分异构体的计数问题,有些文章还刊登在科学杂志上.同分异构这种现象自从 19 世纪初发现后,过了 70 年人们对同分异构体的计数问题还是一筹莫展.到了 1874 年,却同时出现三篇有关的论文,三位作者又都是科学史上有名之辈.第一位是原籍德国后移居意大利的化学家 W. 孔那(W. Korner),他写了一篇很长的文章,讨论苯的取代物的同分异构体.第二位是后来被誉为物理化学之父的荷兰化学家 J. H. 范霍夫(J. H. van't Hoff),他在同一年写了一本小书,提出碳原子化学键的空间结构学说,讨论有机化合物的同分异构体,开启了立体化学的研究.第三位是当时极有名气的英国数学大师凯莱，他采用树图的观点，于同年发表了一篇讨论同分异构体计数问题的文章，并且引入母函数作为计数方法．循着这条思路，凯莱继续发表了几篇文章，计算某些化学取代物的同分异构体个数．到了 20 世纪 30 年代初，美国化学家 H. R. 汉齐（H. R. Henze）和 C. M. 毕里亚（C. M. Blair）发表了一系列文章，做了更多这方面的计算．不过，当时还是欠缺一套普遍有效的算法，只能对问题采取逐个击破的策略．直到波利亚在 30 年代后期提出他的计数理论并且应用到化学上，这个问题才有突破的发展．重温一下这段故事，是十分有教育意味的，而且也可以欣赏到波利亚计数定理的一个漂亮的应用．在这儿我们只勾画一个轮廓，有兴趣的读者，可以参阅：R. C. Read. The enumeration of acyclic chemical compounds, in "Chemical applications of graph theory", A. T. Balaban(ed.), New York：Academic Press，1976：25-61.

§5.2　母函数的运用

让我们先看看怎样运用母函数尝试解决计数问题，所谓母函数就是一种形式幂级数，它的系数是满足某些条件的构形或者摆法的个数．形式幂级数是指它形如 $u_0 + u_1 x + u_2 x^2 + \cdots$ 的式子，但我们不关心它的收敛性质，计算时也只是形式地套用四则运算法则,有点像 17 世纪和 18 世纪的数学家把幂级数看成是多项式,只不过它有很多很多项而已!读者暂时不清楚这一点,不用担心,读下去便会明白的.

举一个最简单的例子吧,设 u_m 是从 N 件东西选出 m 件(不同)东西的方法的个数,那么 $G(x) = u_0 + u_1 x + u_2 x^2 + \cdots$ 便叫作这个计数问题的母函数.头一遭跟母函数打交道的读者心里可能嘀咕:"这只是一种记法吧,有什么了不起?"但是,正如我们在第四章第 4.1 节里已经说过,好的记法往往带来意想不到的方便! 把众多情况的资料(那些 u_m)集合于一个幂级数身上,在以后的计算中起了不可忽视的作用.上面的例子或许太简单,读者不容易看出这一点,但如果你懂得 u_m 其实是二项式系数 $\binom{N}{m}$,便仍然会感觉得到母函数的优美之处,其实,$G(x) = (1+x)^N$. 另一个看法是考虑 $(1+x) \cdots (1+x)$,就是 $1+x$ 自乘 N 次,x^m 的系数等于从 N 项中选出 m(不同)项的 x 的方法的个数,不正好是 u_m 吗?

让我再举一个稍微复杂的例子,设 u_m 是从 N 件东西选出 m 件(容许重复)东西的方法的个数.如同刚才把 $1+x$ 自乘 N 次的想法,我们取 $1+x+x^2+\cdots$ 自乘 N 次,每项代表一件东西,在该项选出 x^j 代表把那件东西选了 j 次.因此,x^m 的系数正好是 u_m.这里的无穷级数,$1+x+x^2+\cdots$

是形式幂级数,形式地作运算,成立

$$(1+x+x^2+\cdots)(1-x)=1+x+x^2+\cdots-x-x^2-\cdots=1,$$

所以形式地 $1/(1-x)=1+x+x^2+\cdots$. 这个计数问题的母函数是 $G(x)=1/(1-x)^N$. 形式地我们可以作以下的计算,$G(x)=(1-x)^{-N}=1+b_1 x+b_2 x^2+\cdots$,$b_m$ 是形式的二项式系数,等于 $(-N)(-N-1)(-N-2)\cdots(-N-m+1)$

$$(-1)^m/m!\ =N(N+1)\cdots(N+m-1)/m!\ =\binom{N+m-1}{m}.$$

因此,$u_m=b_m=\dbinom{N+m-1}{m}$. 如果读者套用第三章第 3.4 节介绍过的一个想法去直接计算这个 u_m(注意,这儿的 N 和 m 应该分别看作那儿的 m 和 N),便更体会到母函数的优美了.

现在,我们可以解释凯莱的计算,但先要弄清楚什么叫作树图(以下简称作树).一株树是一个这样的图:它的边并不构成圈;沿着它的边总可以从任一个点经过别的点走到任何一个点.看看下面的图(图 5.1),

图 5.1

你自然明白为什么这种图有这样的名字了.在树里选定一点,把它标为根(比如涂上颜色),这株树叫作有根树.现在的问题是:有 m 个点的有根树,共有多少株互不同构的?比方 $m=4$ 时,共有四株(图 5.2).注意一点,如果没有标明一点作根,互不同构的 4 点树只有两株.把树中一点标作根

提供了什么方便呢？一株有根树是由几株有根树接在根上

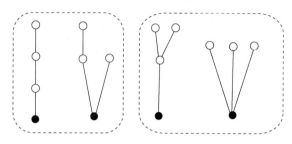

图 5.2

生成,如果根的次数(连接那一点到别点的边的数目)是 k,
便有 k 株有根树接在根上(图 5.3),这个简单的事实显示

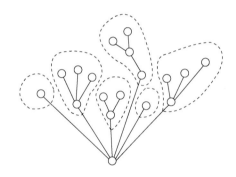

图 5.3

了根的次数的用途. 设 u_m 是 m 个点的有根树的个数,
$u_m(k)$ 是 m 个点且根的次数是 k 的有根树的个数,那么
$u_m = \sum u_m(k)$,求和式中 k 从 1 走到 $m-1$. 如果有 t_1 株
1 点的树接在根上,t_2 株 2 点的树接在根上,$\cdots$,t_{m-1} 株 $m-1$
点的树接在根上,便成立 $t_1 + \cdots + t_{m-1} = k$ 和 $t_1 + 2t_2 + \cdots +$
$(m-1)t_{m-1} = m-1$,两个式合起来可以看成是一个把 $m-1$

分拆为 k 份的方法. 比方上面的例(图 5.3),树有 18 点,根的次数是 6,有两株 1 点树、一株 3 点树、三株 4 点树接在根上,它提供的分析是 $17＝1＋1＋3＋4＋4＋4$. 要数数有多少株 m 个点且根的次数是 k 的有根树,只要数数有多少个不同的方法从 u_1 株 1 点有根树选出 t_1 株移植到根上、从 u_2 株 2 点有根树选出 t_2 株移植到根上……这些数目亦不难计算,从 u_j 株 j 点有根树选出 t_j 株移植到根上,不同的方法共有 $\begin{pmatrix} u_j+t_j-1 \\ t_j \end{pmatrix}$ 个. 所以,合起来便得到 $u_m(k)=$

$$\sum \begin{pmatrix} u_1+t_1-1 \\ t_1 \end{pmatrix} \begin{pmatrix} u_2+t_2-1 \\ t_2 \end{pmatrix} \cdots \begin{pmatrix} u_{m-1}+t_{m-1}-1 \\ t_{m-1} \end{pmatrix}$$ 求和式

走遍 $m-1$ 分拆为 k 份($t_1+2t_2+\cdots+(m-1)t_{m-1}=m-1$)的方法. 把 $u_m(1),u_m(2),\cdots,u_m(m-1)$ 加起来,便得到要计算的 u_m 了. 理论上,知道 $u_1,u_2,\cdots,u_{m-1}$,我们便能从这个叫人望而生畏的公式计算 u_{m+1},但实际做下去,这个算法不只繁复,更要命的是每次我们必须知道怎样把 $m-1$ 分拆,以求写下那些 $t_1,t_2,\cdots$. 随着 m 增大,$m-1$ 的分拆方法迅速增加,叫人应付不来. 比方当 $m=20$ 时,$m-1=19$ 已经有 490 个分拆方法;当 $m=100$ 时,$m-1=99$ 更有 169 229 875 个分拆方法呢! 循这条途径作计算,不会走得很远,让我们看看如何运用母函数回避这点困难. 置 $u(x)=u_1x+u_2x^2+u_3x^3+\cdots=x(u_1+u_2x+u_3x^2+\cdots)$,经形式运算(不

理会收敛问题），得到

$$u(x) = x \sum \sum \binom{u_1 + t_1 - 1}{t_1} \cdots$$

$$\binom{u_{m-1} + t_{m-1} - 1}{t_{m-1}} x^{t_1 + 2t_2 + \cdots + (m-1)t_{m-1}}$$

$$= x \sum \sum \binom{u_1 + t_1 - 1}{t_1} x^{t_1} \binom{u_2 + t_2 - 1}{t_2} x^{2t_2} \cdots$$

$$\binom{u_{m-1} + t_{m-1} - 1}{t_{m-1}} x^{(m-1)t_{m-1}}$$

$$= x \left[\sum \binom{u_1 + t - 1}{t} x^t \right] \left[\sum \binom{u_2 + t - 1}{t} x^{2t} \right] \cdot$$

$$\left[\sum \binom{u_3 + t - 1}{t} x^{3t} \right] \cdots$$

$$= x / (1-x)^{u_1} (1-x^2)^{u_2} (1-x^3)^{u_3} \cdots.$$

在第一行和第二行的头一个求和式中 m 走遍 $1,2,3,\cdots$，后一个求和式中 $(t_1, \cdots, t_{m-1})$ 走遍 $m-1$ 的分拆，使 $t_1 + 2t_2 + \cdots + (m-1)t_{m-1} = m-1$；在第三行的每项求和式中 t 走遍 $1,2,3,\cdots$. 凯莱早在 1857 年的一篇文章里已经发现了上面那个公式，利用这个无穷乘积表示式，我们无须动用正整数的分拆方法便能计算 u_m. 其实，计算手续还是够繁复的，我们需要知道 $u_1, u_2, \cdots, u_{m-1}$ 的值才能计算 u_m 的值，但较诸刚才动用正整数的分拆方法作计算已经改良了好一大步. 如果再运用一点形式微积分运算（这儿不赘述），还可以把上式换写成对数形式

$$u(x) = x \exp\left(\sum u(x^i)/i\right),$$

求和式中 i 走遍 1、2、3、$\cdots$. 继续运用微积分运算,我们能得到一个有效计算 u_m 的递归公式,凭着它不难算出

$$u(x) = x + x^2 + 2x^3 + 4x^4 + 9x^5 + 20x^6 + 48x^7 +$$
$$115x^8 + 286x^9 + 719x^{10} + \cdots.$$

一个点的有根树只有一株,两个点的有根树也只有一株,三个点的有根树有两株,这些都是显而易见. 四个点的有根树有四株,我们已看过了(图 5.2),读者愿不愿画下那九株五个点的有根树呢?

§5.3 烷基 $C_N H_{2N+1} X$ 的计数

把烷烃 $C_N H_{2N+2}$ 的一个氢原子换作基 X,有多少个同分异构体? 比方换作羟基(OH),丁醇 $C_4 H_{10} O$ 有多少个同分异构体呢? 答案是共有四个(图 5.4). 但丁烷 $C_4 H_{10}$ 却只有两个同分异构体(图 5.5),怎样从两个经取代得出四个呢? 目光锐利的读者会从图中看到树的影子,重要的只是那些碳原子的位置,氢原子大可不必理会,于是那两个 $C_4 H_{10}$ 的同分异构体变成两株四个点的树,而那四个 $C_4 H_{10} O$ 的同分异构体变成四株四个点的有根树,根是连上羟基的碳原子(图 5.6). 在上一节我们已计算了 N 个点的有根树的数目,虽然对 $N=1,2,3$ 或 4,这个答案就是 $C_N H_{2N+2} O$ 的同分异构体的个数,一般而言前者比后者多. 化学上的条

```
      H   H   H   H
      |   |   |   |
  H — C — C — C — C — OH
      |   |   |   |
      H   H   H   H
```

```
      H   H   H   H
      |   |   |   |
  H — C — C — C — C — H
      |   |   |   |
      H   H  OH   H
```

```
      H   H   H
      |   |   |
  H — C — C — C — H
      |   |   |
      H   |   H
          |
      H — C — H
          |
         OH
```

```
      H  OH   H
      |   |   |
  H — C — C — C — H
      |   |   |
      H   |   H
          |
      H — C — H
          |
          H
```

图 5.4

```
      H   H   H   H
      |   |   |   |
  H — C — C — C — C — H
      |   |   |   |
      H   H   H   H
```

```
      H   H   H
      |   |   |
  H — C — C — C — H
      |   |   |
      H   |   H
          |
      H — C — H
          |
          H
```

图 5.5

件限制,把问题变成:有多少
株(互不同构)N 个点的有根
树,根的次数不大于 3,每点的
次数不大于 4?

让我们回到波利亚计数
定理,设 $C = \{1,2,\cdots,N\}$ 和
$R = \{r_1, r_2, \cdots, r_m\}$,$S$ 是全部
从 C 到 R 的映射 f 组成的集

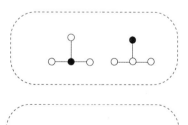

图 5.6

合. 在第四章第 4.1 节里我们定义了 f 的权 $W(f)$, S 的轨的权分布表写为构形计数记录 $I(r_1, r_2, \cdots, r_m)$, 定理说

$$I(r_1, \cdots, r_m) = Z_G(r_1 + \cdots + r_m, r_1^2 + \cdots + r_m^2, $$
$$\cdots, r_1^N + \cdots + r_m^N),$$

$Z_G(x_1, \cdots, x_N)$ 是作用在 S 上的群 G 的圈指标. 在这一节要面对的计算, R 是个无穷集, 我们需要把上面的分式稍作装扮. 其实波利亚在他的文章里本来就是以无穷形式表述计数定理的, 但为了集中注意力于群的对称上, 我们在第四章把讨论规限于有穷集 R 的情况.

　　每个 R 的元有个权, 为方便叙述, 不妨用 $0, 1, 2, \cdots$ 作为 R 的元的权. 虽然 R 有无限多个元, 让我们仍然规定对每个 m, 只有有限多个 R 的元的权是 m, 设为 u_m 个. R 的元的权分布可以写作一个母函数 $u(x) = u_0 + u_1 x + u_2 x^2 + \cdots$. 对 S 中元 f 我们定义 $W(f)$ 作 $f(1)$、$\cdots$、$f(N)$ 的权的和, 叫作 f 的权. 同一轨的元有相同的权, 就叫作那个轨的权. 设 G_m 是权为 m 的轨的个数, S 的轨的权分布表写作母函数

$$G(x) = G_0 + G_1 x + G_2 x^2 + \cdots$$

波利亚计数定理说

$$G(x) = Z_G(u(x), u(x^2), \cdots, u(x^N)),$$

Z_G 是作用在 S 上的群 G 的圈指标. 证明这个公式的方法跟第四章第 4.1 节的方法相似, 设 $\mathscr{S}_m$ 是全部满足 $\pi * f = f$ 和 $W(f) = m$ 的有序偶 (π, f) 组成的集, 考虑形式幂级数

$|\mathscr{S}_0| + |\mathscr{S}_1|x + |\mathscr{S}_2|x^2 + \cdots = \sum\left(\sum 1\right)x^m$，头一个求和式中 m 走遍 $0,1,2,\cdots$，后一个求和式中走遍 $\mathscr{S}_m$ 的有序偶. 如同以前一样做法，先选定 f 后走遍 π，再选定 π 后走遍 f，两个答案合在一起就得到公式了. 举一个例子：把非负整数 k 分拆为三个非负整数（不计各加数的顺序），共有多少个不同的方法？比方 2 有两个，即 $0+0+2$ 和 $0+1+1$；6 却有七个，即 $0+0+6$、$0+1+5$、$0+2+4$、$0+3+3$、$1+2+3$、$1+1+4$、$2+2+2$. 读者想一想，便知道这个问题可以纳入上述公式的架构，G 是三次对称群 S_3，$u(x)=1+x+x^2+\cdots$，每个轨代表一个分拆方法. S_3 的圈指标是 $(x_1^3 + 3x_1x_2 + 2x_3)/6$，所以轨分布的母函数是

$$
\begin{aligned}
G(x) = &\big[(1+x+x^2+\cdots)^3 + 3(1+x+x^2+\cdots)\cdot\\
&(1+x^2+x^4+\cdots) + 2(1+x^3+x^6+\cdots)\big]/6\\
= &1+x+2x^2+3x^3+4x^4+5x^5+7x^6+8x^7+\\
&10x^8+\cdots,
\end{aligned}
$$

就是说，0 和 1 都只有一个分拆方法、2 有两个、3 有三个、4 有四个、5 有五个、6 有七个、7 有八个、8 有十个，等等.

现在可以开始数数有多少株 N 个点的有根树，其中根的次数不大于 3，每点的次数又不大于 4. 这也等于数数有多少个烷醇 $C_NH_{2N+2}O$ 的同分异构体. 可以分为四种情况考虑，根的次数分别是 $k=0,1,2,3$. 如果根的次数是 k，一株这样的树是把 k 株类似的树接在根上生成（图 5.7）. 固

然,把那 k 株树互相调换位置,
是无关痛痒的. 也就是说,在 k
次对称群 S_k 的作用下,一个轨
代表一株不同的树. S 是什么
呢? S 中元是从 $\{1,2,\cdots,k\}$ 到

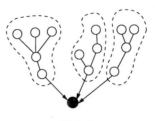

图 5.7

R 的映射, R 就是全部满足上述条件的有根树组成的集,每
株树的权就是树上的点的个数. 如果满足上述条件的 N 点
有根树的个数是 A_N,那么 $u(x)=A_1x+A_2x^2+A_3x^3+\cdots$
便是 R 中元的权分布的母函数. 设 $G_k(x)=G_k(0)+$
$G_k(1)x+G_k(2)x^2+\cdots$ 是轨分布的母函数, $G_k(m)$ 就是根的
次数是 k 而每点次数又不大于 4 的 $m+1$ 点有根树的个
数. 根据波利亚计数定理,有

$$G_k(x)=Z_G(u(x),u(x^2),\cdots,u(x^k)),G=S_k,$$

当 $k=0$ 时,显然 $G_0(x)=1$. 当 $k=1$ 时, $Z_G(x_1)=x_1$,所以
$G_1(x)=u(x)$. 当 $k=2$ 时, $Z_G(x_1,x_2)=(x_1^2+x_2)/2$,所以
$G_2(x)=[u(x)^2+u(x^2)]/2$. 当 $k=3$ 时, $Z_G(x_1,x_2,x_3)=$
$(x_1^3+3x_1x_2+2x_3)/6$,所以 $G_3(x)=[u(x)^3+3u(x)u(x^2)+$
$2u(x^3)]/6$. 巧妙的事情是 $u(x)$ 本身却又跟 $G_0(x)$,
$G_1(x),G_2(x),G_3(x)$ 扯上另一种关系!这是因为

$$A_1=G_0(0)+G_1(0)+G_2(0)+G_3(0),$$
$$A_2=G_0(1)+G_1(1)+G_2(1)+G_3(1),$$
$$A_3=G_0(2)+G_1(2)+G_2(2)+G_3(2),$$

$$\cdots,$$

合起来即 $u(x) = xG_0(x) + xG_1(x) + xG_2(x) + xG_3(x)$，代入刚才的计算，得到

$$u(x) = x\{1 + u(x) + [u(x)^2 + u(x^2)]/2 +$$
$$[u(x)^3 + 3u(x)u(x^2) + 2u(x^3)]/6\},$$

置 $A(x) = 1 + u(x) = 1 + A_1 x + A_2 x^2 + A_3 x^3 + \cdots$，上式化为 $A(x) = 1 + [A(x)^3 + 3A(x)A(x^2) + 2A(x^3)]/6$. 如果我们已经知道 A_1、A_2、$\cdots$、A_N 的值，便可以从这个公式计算 A_{N+1} 的值，尤其利用电子计算机程序，这是容易办到的. 下面是 N 从 1 到 20 的 A_N 的数值：

N	A_N	N	A_N
1	1	11	1 238
2	1	12	3 057
3	2	13	7 639
4	4	14	19 241
5	8	15	48 865
6	17	16	124 906
7	39	17	321 198
8	89	18	830 219
9	211	19	2 156 010
10	507	20	5 622 109

A_N 也就是烷醇 $C_N H_{2N+2} O$ 的同分异构体个数，例如甲醇和乙醇各有一个、丙醇有两个、丁醇有四个、戊醇有八个，等等. A_N 的数值增大得很快，利用他的计数定理波利亚还寻求了当 N 无限增大时 A_N 的渐近公式，得到 $A_N \sim c^{-N} N^{-3/2}$，c 是

一个常数,约是 0.355,其实是幂级数 $A(x)$ 的收敛半径.从这渐近式不难推导出当 N 增大时,$A_{N-1} \sim (1/c)A_N$,或者说 A_N 渐近于一个几何级数.其实化学家早于这个世纪的 30 年代初已经留意到这个现象,只是不懂如何解释吧.

§5.4 烷烃 C_NH_{2N+2} 的计数

从化学的角度看,烷烃的计数问题应该较烷基的计数问题来得容易,因为烷基是从烷烃中取代一个氢原子得来的.但从数学的角度看,却刚好相反! 由于烷基有一个碳原子连着基,地位较别的碳原子特殊,提供了一个让人"乘虚而入"的计算出发点.用树图的语言,就是有根树的计数问题比一般树的计数问题较易处理.为了暂时恢复这一点方便,让我们人为地选定一个点作根,先数数有多少个"有一个标了号的碳原子的烷烃".设 P_m 是这种烷烃 C_mH_{2m+2} 的个数(图 5.8),

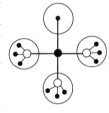

图 5.8

$P(x) = p_1x + p_2x^2 + p_3x^3 + \cdots$ 是这个计数问题的母函数. 从图中读者可以看到,那相当于数数在四个角上有多少种放置烷基的方法,这些烷基是容许在四个角上互相调换位置.因此,应该考虑的群是四次对称群 S_4,它的圈指标是 $(x_1^4 + 6x_1^2x_2 + 3x_2^2 + 8x_1x_3 + 6x_4)/24$;$R$ 是全部烷基组成的集,权是碳原子的个数,权分布的母函数是上一节计算了的

$A(x)$,这包括了 $A_0=1$(严格说来,那当然不算是一个烷基,只是一个氢原子).根据波利亚计数定理,有

$$P(x)=xZ_G(A(x),A(x^2),A(x^3),A(x^4)),G=S_4,$$

也就是说

$$P(x)=x[A(x)^4+6A(x)^2A(x^2)+3A(x^2)^2+$$
$$8A(x)\cdot A(x^3)+6A(x^4)]/24.$$

其次,我们再数数有多少个"有一个标了号的碳原子价键的烷烃".设 Q_m 是这种烷烃 C_mH_{2m+2} 的个数(图 5.9),$Q(x)=Q_1x+Q_2x^2+Q_3x^3+\cdots$ 是这个计数问题的母函数.从图中读者可以看到,那相当于数数在两个位置上有多少种放置烷基的方法,这些烷基是容许在两个位置上作对换

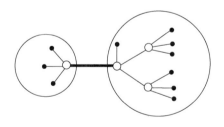

图 5.9

的.因此,应该考虑的群是二次对称群 S_2,它的圈指标是 $(x_1^2+x_2)/2$;R 是全部烷基组成的集,权是碳原子的个数.权分布的母函数是 $A(x)-1$,这儿我们不包括 $A_0=1$,是因为那个标了号的价键必须是连着两个碳原子的.根据波利亚计数定理,有

$$Q(x) = Z_G(A(x) - 1, A(x^2) - 1), G = S_2,$$

也就是说

$$Q(x) = \{[A(x) - 1]^2 + [A(x^2) - 1]\}/2$$
$$= [A(x)^2 + A(x^2)]/2 - A(x).$$

非常巧妙的一步，是英国数学家 R. C. 瑞德（R. C. Read）在 1972 年提出的.利用这个思想，他还计算了很多别的化学化合物的同分异构体的个数，有兴趣的读者可以参阅：R. C. Read. The enumeration of acyclic chemical compounds, in "Chemical applications of graph theory", A. T. Balaban(ed.). New York：Academic Press, 1976：25-61. 怎样糅合 $P(x)$ 和 $Q(x)$ 去计算不作任何标号的烷烃同分异构体的个数呢？瑞德提出这样的看法：给定了某个烷烃的同分异构体，把它的一个碳原子标号. 有多少种不同的方法？把它的一个碳原子价键标号，有多少种不同的方法？比方丁烷 C_4H_{10} 的一个同分异构体是三个碳原子分别连着第四个碳原子. 把一个碳原子标号，有两种不同的方法 [图 5.10(a)]；把其中一个碳原子价键标号，只有一种方法 [图 5.10(b)].

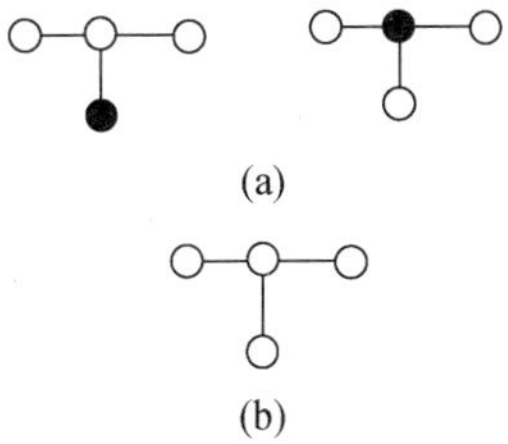

图 5.10

让我们又采用树图的观点考虑，T 是一株 N 点树，把 T 的点标上 $1, 2, \cdots, N$. 有些 $\{1, 2, \cdots, N\}$ 的置换并不保持点的邻接关系,有些却仍然保持点的邻接关系,后者叫作 T 的自同构.一个 T 的自同构 σ 是一个 $\{1,2,\cdots,N\}$ 的置换,如果点 v_1 和 v_2 有边相连,则点 $\sigma(v_1)$ 和 $\sigma(v_2)$ 也有边相连,反之亦然.直觉上的意思,σ 只调换那些邻接性质相同的点,例如在下面的树里(图 5.11),两边的六个点可以互相调换,中间两个点也可以互相调换,但两边的六

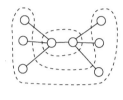

图 5.11

个点却不能跟中间的两个点调换.T 的全部自同构组成一个群,叫作 T 的群,记作 $G(T)$.对 $G(T)$ 中元 σ 和 T 中点 v,规定 $\sigma * v = \sigma(v)$,这定义了群 $G(T)$ 在树 T 上的一个作用,它的轨代表了一个其中一点给标了号的树.设 p 是轨的个数,它就是把 T 的一个点标号后得来的有根树的个数.$G(T)$ 也作用在 T 的边集上,如果 E 是相连 v_1 和 v_2 的边,$\sigma * E$ 就是相连 $\sigma(v_1)$ 和 $\sigma(v_2)$ 的边.这个作用下的轨代表了一个其中一条边给标了号的树.设 q 是轨的个数,它就是把 T 的一条边标号后得来的树的个数.p 和 q 有没有关系呢?看看下面的例子[图 5.12(a)],同一个轨的点以同一个数字表示,写在代表点的圆圈里;同一个轨的边也以同一个数字表示,写在边上面.在这个例子里,$p=2$ 和 $q=2$.再看另一个例子[图 5.12(b)],$p=6$ 和 $q=5$.前一个例子有个特点,就是树里有条"对称边",意思是说这条边在某个 σ 的作

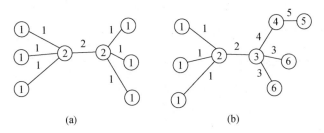

图 5.12

用下不变更, 当然, 它连着两个落在同一个轨的点. 说它是
"对称边", 是因为它的两个端点必定各自连着结构相同的
树. 懂一点图论的读者, 便知道一株树只有一个或者两个互
相邻接的中心点, 所谓中心点, 就是指从那一点到别的点的
最远距离(距离的计算是用点到点的段落个数)是最小, 下
面的树(图 5.13)的中心点涂了黑色, 每点旁边写上从那点

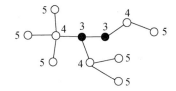

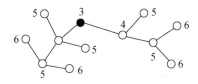

图 5.13

到别的点的最远距离. 如果树只有一个中心点, 它没有对称
边; 如果树有两个邻接的中心点但它们不落在同一个轨, 它

也没有对称边;只有当树有两个邻接的中心点而且它们落在同一个轨,它才有对称边.因此,一株树或者没有对称边或者只有一条对称边.在前一种情况,可以从树的每个轨找一个点,这些点有边连着,组成一株树,数数点和边的个数可知 $p=q+1$[图 5.14(a)].在后一种情况,两个中心点各连着一株相同结构的树[图 5.14(b)],每株树有 p 个轨的点和 $(q-1)$ 个轨的边,由于 $p=(q-1)+1$,便知道 $p=q$.

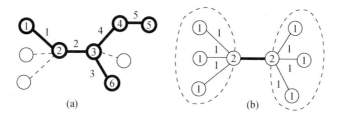

图 5.14

于是,$p-q+s=1$,s 是对称边的个数,且只能是 1 或 0.现在,走遍每个点次数不大于 4 的 N 点树,有

$$\sum p - \sum q + \sum s = \sum 1 = C_N,$$

C_N 就是这种 N 点树的个数,也就是烷烃 $C_N H_{2N+2}$ 的同分异构体的个数.右边就是 $P_N - Q_N + \sum s$,P_N 和 Q_N 在本节刚开首时已经提过了.要计算 $\sum s$ 并不难,它是有一条对称边而且每点次数不大于 4 的 N 点树的个数.如果一株树有对称边,这条边连着两株相同结构的树,所以这种树的点数 N 必定是偶数,而且这种树的个数是 $A_{N/2}$,这儿的 A_m 是上一节出现过的母函

数 $A(x)$ 里 x^m 的系数. 因此, 当 N 是奇数时, $P_N - Q_N = C_N$; 当 N 是偶数时, $P_N - Q_N + A_{N/2} = C_N$. 置 $C(x) = C_1 x + C_2 x^2 + \cdots$, 便得到 $C(x) = P(x) - Q(x) + A(x^2) - 1$. 我们在本节刚开首时已经计算了 $P(x)$ 和 $Q(x)$, 它们都能通过 $A(x)$ 表达. 如果知道了 $A(x)$, 便可以计算 $C(x)$, 也就知道 C_1、C_2、$\cdots$ 的数值了, 下面是 N 从 1 到 20 的 C_N 的数值:

N	C_N	N	C_N
1	1	11	159
2	1	12	355
3	1	13	802
4	2	14	1 858
5	3	15	4 347
6	5	16	10 359
7	9	17	24 894
8	18	18	60 523
9	35	19	148 284
10	75	20	366 319

C_N 也就是烷烃 $C_N H_{2N+2}$ 的同分异构体个数, 例如甲烷、乙烷和丙烷各只有一个, 但丁烷有两个, 戊烷有三个, 等等. 波利亚也计算了当 N 无限增大时 C_N 的渐近公式, 是 $C_N \sim c^{-N} N^{-5/2}$, c 是常数.

上面的计算只考虑结构同分异构体, 关心的只是原子之间的键合, 并没有顾及它们在空间的位置. 原子在空间的

位置对化合物的化学性质是会产生影响的,这个称作立体
同分异构的现象,是法国科学家 L. 巴斯德(L. Pasteur)在
1848 年发现的,范霍夫在 1874 年开启了立体化学的研究.
立体同分异构体的计数问题,基本上是采用同样的方法,差
别只在于考虑不同的群,瑞德在这方面做了不少计算,这儿
就不介绍了,有兴趣的读者可以参阅刚才提过的文章,或者
自己试一试. 例如烷烃 $C_N H_{2N+2}$ 的立体同分异构体个数 D_N
如下所示,N 从 1 到 20:

N	D_N	N	D_N
1	1	11	345
2	1	12	900
3	1	13	2 412
4	2	14	6 563
5	3	15	18 127
6	5	16	50 699
7	11	17	143 255
8	24	18	408 429
9	55	19	1 173 770
10	136	20	3 396 844

这段故事,是数学和化学的一个多优美的结合呀!

参考文献

这里我只列举写作时参考了的书目,参考了的文章则不一一列举,只在书中有关的地方抄下题目以供有兴趣的读者参阅.

[1] M. A. Armstrong. Groups and symmetry[M]. New York: Springer-Verlag,1988.

[2] A. T. Balaban (ed.). Chemical applications of graph theory[M]. New York: Academic Press,1976.

[3] L. Comtet. Advanced combinatorics[M]. Dordrecht: Reidel Publishing Company,1974.

[4] F. Harary, E. M. Palmer. Graphical enumeration[M]. New York: Academic Press,1973.

[5] M. Kline. Mathematical thought from ancient to modern times[M]. Oxford: Oxford University Press,1972

（有中译本）.

[6]C. L. Liu(刘焖朗). Introduction to combinatorial mathematics[M]. New York：McGraw-Hill Inc. ,1968(有中译本).

[7] G. Pólya. Collected papers [M]. Cambridge：MIT Press,1974：Volume 4.

[8] G. Pólya，R. C. Read. Combinatorial enumeration of groups,graphs, and chemical compounds [M]. New York：Springer-Verlag,1987.

[9]G. Pólya,R. E. Tarjan,D. R. Woods. Notes on introductory combinatorics[M]. Boston：Birkhäuser,1983.

[10]B. L. Van der Waerden. A history of algebra[M]. New York：Springer-Verlag,1985.

[11]H. Weyl. Symmetry[M]. Princeton：Princeton University Press,1952(有中译本).

[12]钱宝琮. 中国数学史[M]. 北京：科学出版社,1964.

[13]徐利治,蒋茂森. 计算组合数学[M]. 上海：上海科学技术出版社,1983.

[14]柯召,魏万迪. 组合论（上册）[M]. 北京：科学出版社,1984.

附　录　群的故事

　　群是近世抽象代数里的一个重要概念,而且渗透至众多数学部门,已经成为一个贯穿整个数学学科的主要思想.这个看似朴实简单却又优美深刻的概念十分年青,只是在一个半世纪前才被引进数学,到了 20 世纪初叶,才以今天在每一本抽象代数课本开首的叙述形式展示它的面目.但它的一个重要源头,却是有数千年历史的古典代数问题——怎样解代数整式方程?

　　相信读者在初中时已经跟方程打交道,在这儿我们只关心一元 N 次方程.远在几千年前的古代东方或西方的数学文献都记载了相当于解一元一次或者一元二次方程的办法.为了不叫篇幅过长,让我飞越这几千年,把故事从公元 7 世纪开始.穆罕默德(Mohammed)在公元 7 世纪初创立伊斯兰教,还建立了神权国家,在短短 10 年间统一了阿拉伯半岛诸部. 他的继任人在不到半个世纪内征服了从印度至西班牙, 包括南意大利和北非的大片土地, 建立了一个横跨欧、亚、非三洲的帝国. 在当时的世界, 只有唐朝的中国堪与比拟, 中国史书称它谓"大食国", 也称"天方". 虽然阿拉伯人在征战初期充满宗教狂热, 铁骑所至大肆破坏掠夺, 但等到征战完成他们又很快定居下来, 创造他们的文明文化, 也很快关心起艺术和科学来. 并且他们对别的种族和教派采取宽容政策, 广泛网罗人才, 注释古希腊和古印度的文献, 吸收外来文化之长并把它发扬光大, 传播到四方. 750 年阿拉伯帝国分为东西两个王国, 东部定都巴格达 (在今伊拉克境内), 西部定都哥多瓦 (在今西班牙境内). 东部王国的阿拔斯 (Abbasid) 王朝乃极盛时代, 巴格达成为当时世界的著名商业城市和文化都会. 1258 年成吉思汗的孙子旭烈兀率领蒙古铁骑攻陷巴格达, 把东部阿拉伯王国摧毁, 建立伊儿汗国. 西部阿拉伯王国到了 1492 年也被西班牙人征服, 于是阿拉伯帝国退出世界舞台. 但伊斯兰文化却没有消失, 古代东西方文化经由它的保存发展才得以在 12 世纪后渐渐传入当时文化极度衰落的西欧, 导致其后西欧的"文艺复兴". 历史往往充满矛盾和讽刺, 阿拉伯帝国崛起, 摧毁了当时古代世界的文化, 但后来它却成为古代文化的守护神, 为延续世界文化立下不朽的功勋!

阿拔斯王朝第五代统治者阿尔马蒙(Al-Mamun)极力提倡文化科学,在巴格达建立了一所科学院,称为"智慧之殿".在那儿工作的一位学者,名叫阿尔花喇子米(Al-Khowarizmi),他在 830 年左右写了一本专讨论解一次或二次方程的书,书名是 Hisab Al-jabr Wa'l Muqābalah,前一个字"Al-Jabr"原意是复原,后一个字"Muqābalah"原意是对消.前者大概是指方程中一边除去一项必须在另一边加上那项来恢复平衡,后者大概是指方程中两边相同的项给消除或者一边的相同项给合并.但后来第二个字渐被人遗忘,第一个字译作拉丁文后辗转变为英文的 Algebra,就是今天我们熟悉的"代数"的英文词了.阿尔花喇子米把方程分为六类,逐类讨论它的解法.让我们看一个例子:"平方与 10 个根等于 39."他叙述的方法是取 10 的一半,即 5,自乘得 25,把这个数加上 39 得 64,开方得 8,从这个数减去 10 的一半,即从 8 减去 5,余 3,这就是一个答案,当时的人只理会正数解.用今天的写法,就是解方程 $x^2 + bx = c$,他的叙述相当于提出公式

$$x = \sqrt{(b/2)^2 + c} - (b/2),$$

接着,他用几何图形解释这个方法,中心思想就是大家在中学数学熟悉的"配方法"(图 1).

　　"方程"这个中文词,最先见诸我国古代数学名著《九章

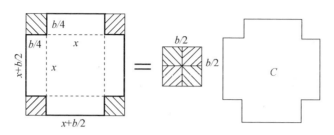

图 1

算术》. 古代中国的方程, 专指线性方程组, 与今天用语意义
有别. 今天用的"方程", 是借用来译英文的 Equation(拉丁
文是 Aequatio, 是相等的意思), 在清初本来译作"相等式",
直到 1859 年李善兰和英国人 A. 伟烈亚力 (A. Wylie) 合译
A. 德·摩根 (A. De Morgan) 的《代数学》时把它译作"方
程". 1873 年华蘅芳和英国人 J. 傅兰雅 (J. Fryer) 合译
W. 华里司 (W. Wallace) 的《代数术》时把它译作"方程式",
仍然将"方程"一词留作专指线性方程组之用. 终于到了
20 世纪 30 年代之后, "方程"一词才普遍被用来泛指方程
而不仅是线性方程组. 李善兰译的《代数学》是第一本西方
近代代数学的中文译本, "代数"这个名词由此而来. 后来华
蘅芳译《代数术》对这个名词作了这样的解释: "代数之法,
无论何数, 皆可以任何记号代之."读者在中学读到的代数,
很符合这个说法吧!

　　1723 年清帝爱新觉罗·玄烨 (康熙帝) 大力支持出版
了一部三十五卷的数学百科全书, 名叫《数理精蕴》, 把当时

已传入或新传入的西洋数学编排整理,也对中国古代数学(就当时仍有传本的古代数学而言)进行了比较研究.下编卷 31 至 36 叫作"借根方比例",就是当时传入中国的西洋代数了.《数理精蕴》的主要负责编纂者梅毂成后来写了一篇文章说:"供奉内廷蒙圣祖仁皇帝授以借根方法,且谕曰西洋人名此书为阿尔热八达,译言东来法也.敬受而读之,其法神妙,诚算法之指南.而窃疑天元一之术颇与相似,复取《授时历草》观之,乃涣如冰释,殆名异而实同,非徒曰似之已也."原来中国数学在传统基础上发展新的代数方法,在宋元之际(12 世纪至 13 世纪)达到高峰.在古代中国解方程叫作开方术,因为所有解法都跟《九章算术》里开平方根、开立方根等方法一脉相承.北宋时贾宪创立增乘开方法,为此引入"开方作法本原图",即六百多年后在西方出现的帕斯卡三角(Pascal Triangle).南宋时秦九韶把这种方法推广为一般高次方程的数值计算方法,相当于七百年后在西方出现的鲁非尼-霍纳法(Ruffini-Horner Method),秦九韶著的《数书九章》里曾出现解 10 次方程的例子.运用方程解决实际问题分成两个步骤,首先是根据题意列出一个包括未知数和它的乘方的方程,其次才是找出方程的解.未有普遍方法和好的记号之前,第一步并不是轻而易举的,今天只要念了初中数学的人便知道做这一步,其实我们很感激前人的努力！中国宋元数学家创立天元术，就是以代数方法列出方程. 很可惜，中国古代数学家的光辉成就至宋元以后很长一段时间没有受到重视，中国数学逐步衰落，很多数学书籍失传，数学不只没有进一步发展，就连已经有的成就亦被遗忘. 到了明清，甚至很少有人知道什么叫作增乘开方法或者天元术了！ 梅毂成因为编纂《数理精蕴》才把这些宝贵数学文化遗产发掘出来，所以有上面的一番话. 中国数学自宋元后衰落，因素是多方面的，但一个不容否认的消极因素是当时的政治和社会. 明朝（1368—1644）是中国历史上的一个政治黑暗时代，明代君主从明太祖朱元璋起便大搞独裁专制，设置秘密警察机关监视臣民言行，又任由宦官专权，以诏狱、廷杖、文字狱蹂躏人权，更以八股文开科取士，不着形迹地禁锢独立思考，造成文化淤塞. 宋元的光辉数学传统经历明朝后荡然无存，实在不足为怪. 反观同时代的西欧，正值"文艺复兴期"，在领土、思想、学术等各方面都不断扩展，人的思想开放，视野辽阔，与当时的明朝中国成强烈的对比. 当时的意大利是个文化中心，我们的故事便从那儿继续下去.

意大利的波伦那大学成立于 1088 年，是西方最古老的大学，在 1500 年左右大学里有位数学教授达费罗（Scipione del Ferro）解了 $x^3 + ax = c$ 这类三次方程，但他没有发表他的解法,只把它透露给学生菲俄(Fior)和女婿纳发(Anni-bale della Nave).当时的风气盛行如此,人们常常把自己的学术发现保密,以便向对手挑战,要求他们解同样的难题,借此拿取奖金或者大学的聘书!过了 30 年,另一位意大利数学家丰坦那(Niccolo Fontana)宣称他懂得如何解三次方程,菲俄听到了不服气,大家约好在 1535 年 2 月 22 日在米兰大教堂举行竞赛,一分高下.丰坦那别号塔塔利亚(Tart-aglia),意思是"口吃的人".他年幼时正值意法交战,法军攻陷了他的家乡后大肆杀戮,他的父亲带着他藏身寺院中亦难幸免,父亲被杀,他自己头部和上下颚受重伤,法军还以为他已死掉.后来他的母亲找着他,兵荒马乱中无处就医,母亲只能效法狗负伤时舔伤口的做法,竟然奇迹般地把他救活过来,但他因受伤过重,愈后变成了口吃.塔塔利亚出身贫困,身体又有缺陷,但他意志坚强,勤奋好学.学校自是没法上,就连纸笔也买不起,母亲在坟场的墓碑上教他认字计算,终于成为 16 世纪的出色数学家.他约好菲俄作赛,才知悉菲俄身怀"家传秘方",不禁着急起来,因为他知道自己的解法是尚未臻完善的.为此他常彻夜不眠,苦思更完善的解法.据说在 2 月 12 日晚上,他的思路豁然开朗,想着了解三次方程的良方,在竞赛中轻易击败了对手.当时,还有另一位意大利数学家 G. 卡尔丹(G. Cardano)也对这个问题感兴趣. 卡尔丹是数学史上一位最富传奇色彩的人物, 是个数学家、医生、占星术士、赌徒、骗子和流氓! 卡尔丹以介绍塔塔利亚觐见某王公贵族为饵, 把塔塔利亚接回家里好好招待, 再三乞求塔塔利亚把三次方程的解法传授予他. 卡尔丹还立下誓言, 决不泄密. 也许塔塔利亚为卡尔丹的"至诚"感动, 果然把解三次方程的方法传授给他. 结果, 卡尔丹在 1545 年出版了他的名著《大术》(Ars Magna), 里面竟详详细细地出现了三次方程的解法! 这种背信弃义的行为自然激起塔塔利亚的愤怒, 便向卡尔丹挑战, 但卡尔丹只派学生斐拉里(Ferrari)应战, 双方在谩骂中不了了之. 卡尔丹也有自己的辩白, 他说他从纳发那儿得悉塔塔利亚的方法跟达费罗的方法一般, 所以塔塔利亚并不算是第一个发现者, 既然不是, 把他的方法公开也就算不上背信了. 在《大术》的第十一章他这么说: "大约 30 年前, 波伦那的达费罗发现这个法则, 并传授予威尼斯的菲俄, 菲俄曾与布里西亚的塔塔利亚竞赛, 后者也发现了这个方法. 塔塔利亚在我的恳求下把方法告诉我, 但没有给出证明. 在这个基础上我找着了几种证法, 它是非常困难的." 虽然卡尔丹未必是个正直的人, 但在这一桩事上他的做法却未可厚非. 把数学知识保密, 当做私人资本去谋名利是不对的, 卡尔丹把它公开, 但对塔塔利亚和达费罗的功劳给予如实的承认, 是正确的做法.

让我们看看卡尔丹-塔塔利亚公式,以 $x^3 + mx = n$ 为例,它的一个根是

$$x = \sqrt[3]{\sqrt{(n/2)^2 + (m/3)^3} + (n/2)} - \sqrt[3]{\sqrt{(n/2)^2 + (m/3)^3} - (n/2)}.$$

卡尔丹用几何图形解释,可以说是"配立方法"(图 2). 以

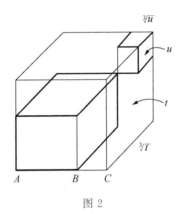

图 2

AB 为边的立方体等于从以 AC 为边的立方体减掉以 BC 为边的立方体再减掉三个以 AB, AC, BC 为边的长方体,也就是说

$$(\sqrt[3]{t} - \sqrt[3]{u})^3 = t - u - 3(\sqrt[3]{t} - \sqrt[3]{u})\sqrt[3]{t}\sqrt[3]{u},$$

t 和 u 分别是大小立方体的体积. 化简后得

$$(\sqrt[3]{t} - \sqrt[3]{u})^2 + (3\sqrt[3]{t}\sqrt[3]{u})(\sqrt[3]{t} - \sqrt[3]{u}) = t - u.$$

若设 $t - u = n$ 和 $tu = (m/3)^3$ 并比较原来的三次方程,便知道 $x = \sqrt[3]{t} - \sqrt[3]{u}$ 是一个根了. 但从上面两个式可以得到

一个二次方程,它的解就是 $t=\sqrt{(n/2)^2+(m/3)^3}+(n/2)$

和 $u=\sqrt{(n/2)^2+(m/3)^3}-(n/2)$,由此得卡尔丹-塔塔利亚公式. 为了下面叙述需要,让我们再介绍一个大同小异的解法,是 1591 年法国数学家 F. 韦达(F. Vieta)提出的. 解 $x^3+mx=n$,设 $x=T-U$,所以

$$(T-U)^3+m(T-U)=n,$$

即

$$T^3-U^3+(m-3TU)(T-U)=n.$$

再设 $m=3TU$,便得 $T^3-(m/3T)^3-n=0$,即

$$T^6-nT^3-(m/3)^3=0,$$

叫作原方程的预解方程. 虽然这个预解方程是个六次方程,实质上它是 T^3 的二次方程,有根

$$T^3=(n/2)\pm\sqrt{(n/2)^2+(m/3)^3}.$$

如果取 T 为 $\sqrt{(n/2)^2+(m/3)^3}+(n/2)$ 的一个立方根,便从预解方程得悉 $U=m/3T$ 是 $\sqrt{(n/2)^2+(m/3)^3}-(n/2)$ 的一个立方根,由此即得到卡尔丹-塔塔利亚公式. 到了 1732 年瑞士数学大师 L. 欧拉(L. Euler)指出三次方程应该有三个根,还把它们写了出来. 仍然叫

$$t=\sqrt{(n/2)^2+(m/3)^3}+(n/2)$$

和

$$u = \sqrt{(n/2)^2 + (m/3)^3} - (n/2),$$

它们的立方根分别是 $T, \omega T, \omega^2 T$ 和 $U, \omega U, \omega^2 U$, 这儿的 ω 是本原单位立方根, 即 $(-1 + \sqrt{-3})/2$. 要写下三次方程的三个根, 必须从每组选一个, 使二者的乘积是 $m/3$, 共有三对, 即

$$x_1 = T - U, \quad x_2 = \omega^2 T - \omega U, \quad x_3 = \omega T - \omega^2 U.$$

于是, 不论是一次、二次或三次方程的根, 都可以通过四则运算和开方根运算写成方程系数(及某些常数)的关系式, 我们说这些方程是可以根式求解的, 以下简称可解. 读者必须在这里清楚区分可解和有解这两个概念, 有解不等于可解, 事实上所有方程都有(复数)解, 这个结果被称作"代数基本定理", 这可不是我们目前关心的事情. 斐拉里在16世纪找到四次方程的解式, 收入在卡尔丹的《大术》里. 于是数学家便向五次方程进军, 寻求它的解式, 但经过多人多方努力, 二百多年后还是徒劳无功. 这方面的突破来自法国数学家拉格朗日在 1770 年的论文, 他采取了一个全新的观点和途径, 先考察前人解二次、三次、四次方程的办法, 找出成功的关键, 试图利用这个共通点求高次方程的解. 让我们继续以 $x^3 + mx = n$ 为例, 它的三个解是 $x_1 = T - U, x_2 = \omega^2 T - \omega U, x_3 = \omega T - \omega^2 U$. 拉格朗日正确地意识到预解方程 $T^6 - nT^3 - (m/3)^3 = 0$ 的重要, 注意这个方程的六个根正好

是 $T, \omega T, \omega^2 T, -U, -\omega U, -\omega^2 U$,所以 x_1, x_2, x_3 可以写成预解方程的根的关系式. 拉格朗日独具慧眼,看到更重要的一点,是如何把预解方程的六个根写成 x_1, x_2, x_3 的关系式. 他发现那是办得到的,首先 $T = (x_1 + \omega x_2 + \omega^2 x_3)/3$(因为 $\omega^2 + \omega + 1 = 0$),而且只要把三个根 x_1, x_2, x_3 作适当置换,便能从上式得到另一个根. 走遍全部六个置换,便得到全部六个根,比方从 $\begin{pmatrix} x_1 & x_2 & x_3 \\ x_1 & x_3 & x_2 \end{pmatrix}$ 得到 $(x_1 + \omega x_3 + \omega^2 x_2)/3 = -U$,从 $\begin{pmatrix} x_1 & x_2 & x_3 \\ x_2 & x_3 & x_1 \end{pmatrix}$ 得到 $(x_2 + \omega x_3 + \omega^2 x_1)/3 = \omega^2 T$,等等. 拉格朗日也指出应考虑全部置换对某些式的作用,例如 $(x_1 + \omega x_2 + \omega^2 x_3)^3/27$ 经过六个置换只变为两个不同的值,即 T^3 和 $-U^3$,这解释了为什么虽然预解方程是个六次方程,它其实是 T^3 的二次方程,三次方程可解的道理便是在此. 他用同样想法考虑四次方程,四个根共有 24 个置换,预解方程虽然是一个 24 次方程,却其实可以看作一个六次方程,而且还可以进一步化为两个三次方程,所以可解. 但当他把这个想法施诸于五次方程,碰到预解方程是一个 120 次方程,其实可以看作一个 24 次方程,却不懂得怎样做下去了,由此他怀疑五次或更高次的方程不一定可解. 1813 年意大利数学家 P. 鲁非尼(P. Ruffini)发表了一个一般五次方程

不可解的证明,但证明并不完整,到了 1824 年挪威数学家
N. H. 阿贝尔(N. H. Abel)给了一个完整的证明. 我们说一
般五次方程不可解,并不是说全部五次方程不可解,例如可
以证明 $2x^5-5x^4+5=0$ 不可解,但 $x^5-1=0$ 却是可解的.
最终的答案由法国数学家 E. 伽罗瓦(E. Galois)在 1831 年
提出,理论上他总能决定一个给定的方程是否可解.

　　阿贝尔和伽罗瓦都是卓越的数学家,他们的贡献使他
们各留青史,但他们在生时命途多蹇,际遇困苦,叫人叹息
不已. 阿贝尔一生贫病交迫,还得挑起家庭重担,等到后来
终于受柏林大学赏识送来数学教授席位聘书时,他却在信
到前两天因肺结核病与世长辞,终年不足 27 岁. 伽罗瓦的
一生更为坎坷,年轻时父亲受逼害自杀,他自己两度投考当
时最负盛名的巴黎高等工艺学院落第,每次把数学成果送
到巴黎科学院又遭冷落. 适值他生于法国内政动荡时代,他
以满腔热情参加了共和派的政治活动,两度因而被捕下狱,
最后还在 1832 年 5 月 30 日的一次决斗中被枪杀,死时还
不到 21 岁.

　　伽罗瓦的工作的中心思想,是证明对每一个 N 次方程
有一组它的 N 个根的置换满足某些关于不变量的条件.
详细一点说,如果 $F(a,b,c,\cdots)$ 是根 $a,b,c,\cdots$ 的多项式,
那么 $F(a,b,c,\cdots)$ 经那组置换不变更值的充要条件是

$F(a,b,c,\cdots)$ 为有理数. 方程是否可解, 便决定于那一组置换是否具备某种性质. 伽罗瓦把这组置换叫"一群置换", 可以说是"群"这个数字术语头一次出现, 因为这群置换的确构成一个群, 今天我们叫它作那个方程的伽罗瓦群, 以纪念这位年青数学奇才的功绩. 举一个例子, 方程是 $x^5 - 1 = 0$, 它的根是 $x_1 = 1, x_2 = \omega, x_3 = \omega^2, x_4 = \omega^3, x_5 = \omega^4$, ω 是个五次本原单位方根. 它的置换群由四个置换组成, 就是

$$I = \begin{pmatrix} x_1 & x_2 & x_3 & x_4 & x_5 \\ x_1 & x_2 & x_3 & x_4 & x_5 \end{pmatrix},$$

$$A = \begin{pmatrix} x_1 & x_2 & x_3 & x_4 & x_5 \\ x_1 & x_3 & x_5 & x_2 & x_4 \end{pmatrix},$$

$$B = \begin{pmatrix} x_1 & x_2 & x_3 & x_4 & x_5 \\ x_1 & x_5 & x_4 & x_3 & x_2 \end{pmatrix},$$

$$C = \begin{pmatrix} x_1 & x_2 & x_3 & x_4 & x_5 \\ x_1 & x_4 & x_2 & x_5 & x_3 \end{pmatrix},$$

比如在 I, A, B, C 的作用下,

$$F(x_1, x_2, x_3, x_4, x_5) = x_1 x_2 x_3 x_4 x_5$$

的值不变更, 的确, $x_1 x_2 x_3 x_4 x_5 = 1$ 是个有理数; 同样地, $F(x_1, x_2, x_3, x_4, x_5) = x_3 x_4$ 经 I, A, B, C 的作用也不变更它的值, 的确 $x_3 x_4 = 1$ 也是个有理数; 但 $x_1 + x_2$ 却变更它的值, 而的确 $x_1 + x_2$ 并不是个有理数. 读者自然认得这个

群是 Z_4，按照伽罗瓦的理论，这个群的性质说明了方程 $x^5 - 1 = 0$ 是可解的. $2x^5 - 5x^4 + 5 = 0$ 的伽罗瓦群却是整个五次对称群 S_5（详情没办法在这里解释了），按照伽罗瓦的理论，这个群的性质说明了方程 $2x^5 - 5x^4 + 5 = 0$ 是不可解的.

拉格朗日指出根的置换这个想法，导致阿贝尔和伽罗瓦的工作，重要的倒不是解决了高次方程是否可解这个问题，而是由此撒下群论的种子. 虽然伽罗瓦用了群的思想，甚至采用了"群"这个词，但群的抽象定义却要等到 1854 年才由英国数学家凯莱提出. 而且凯莱这种思想，在当时来说是跑得太前了，并没有得到应有的反应，其他数学家都没理会. 过了 24 年，凯莱在 1878 年卷土重来，在一系列的文章中讨论群的性质，这次数学家却反应热烈，群论从此在数学占一重要席位. 究其原因，倒也一点不奇怪，在那 24 年间，群的例子在别的数学家的工作里以各种具体形式出现，数学家也就一天比一天感觉到这个思想的重要，有迫切需要把它作为一个抽象的数学对象处理，凯莱的论文正好针对这个需要，自然受到重视了. 其实群论的诞生和它的发展由好几个源头汇流而成，刚刚叙述了的方程可解的探讨只是其中一个但也是最主要的一个源头吧，有兴趣的读者可以参阅：I. Kleiner. The evolution of group theory：A brief

survey. Mathematics Magazine，1986（59）：195-215；
H. Wussing. "The genesis of the abstract group concept".
New York：M. I. T. Press，1984(原德文本，1969).［这个附
录是根据下文部分写成：萧文强.从方程到群的故事,《抖
擞》,1983(54):58-68.］

数学高端科普出版书目

数学家思想文库	
书　名	作　者
创造自主的数学研究	华罗庚著;李文林编订
做好的数学	陈省身著;张奠宙,王善平编
埃尔朗根纲领——关于现代几何学研究的比较考察	[德]F. 克莱因著;何绍庚,郭书春译
我是怎么成为数学家的	[俄]柯尔莫戈洛夫著;姚芳,刘岩瑜,吴帆编译
诗魂数学家的沉思——赫尔曼·外尔论数学文化	[德]赫尔曼·外尔著;袁向东等编译
数学问题——希尔伯特在 1900 年国际数学家大会上的演讲	[德]D. 希尔伯特著;李文林,袁向东编译
数学在科学和社会中的作用	[美]冯·诺伊曼著;程钊,王丽霞,杨静编译
一个数学家的辩白	[英]G. H. 哈代著;李文林,戴宗铎,高嵘编译
数学的统一性——阿蒂亚的数学观	[英]M. F. 阿蒂亚著;袁向东等编译
数学的建筑	[法]布尔巴基著;胡作玄编译
数学科学文化理念传播丛书·第一辑	
书　名	作　者
数学的本性	[美]莫里兹编著;朱剑英编译
无穷的玩艺——数学的探索与旅行	[匈]罗兹·佩特著;朱梧槚,袁相碗,郑毓信译
康托尔的无穷的数学和哲学	[美]周·道本著;郑毓信,刘晓力编译
数学领域中的发明心理学	[法]阿达玛著;陈植荫,肖奚安译
混沌与均衡纵横谈	梁美灵,王则柯著
数学方法溯源	欧阳绛著

书　名	作　者
数学中的美学方法	徐本顺,殷启正著
中国古代数学思想	孙宏安著
数学证明是怎样的一项数学活动?	萧文强著
数学中的矛盾转换法	徐利治,郑毓信著
数学与智力游戏	倪进,朱明书著
化归与归纳·类比·联想	史久一,朱梧槚著

数学科学文化理念传播丛书·第二辑

书　名	作　者
数学与教育	丁石孙,张祖贵著
数学与文化	齐民友著
数学与思维	徐利治,王前著
数学与经济	史树中著
数学与创造	张楚廷著
数学与哲学	张景中著
数学与社会	胡作玄著

走向数学丛书

书　名	作　者
有限域及其应用	冯克勤,廖群英著
凸性	史树中著
同伦方法纵横谈	王则柯著
绳圈的数学	姜伯驹著
拉姆塞理论——入门和故事	李乔,李雨生著
复数、复函数及其应用	张顺燕著
数学模型选谈	华罗庚,王元著
极小曲面	陈维桓著
波利亚计数定理	萧文强著
椭圆曲线	颜松远著